建筑专业"十三五"规划教材

建筑 CAD

主　编　章　明　彭玉龙　张　洁

副主编　许　玮　赵思炯　马腾飞　李美琳

　　　　李旬军　周景深　刘　磊　杨　冉

北京希望电子出版社
Beijing Hope Electronic Press
www.bhp.com.cn

内 容 简 介

建筑 CAD 是土建类专业的必修课，是为培养土建类专业学生的建筑 CAD 操作能力而开出的实践技能课。本书共 9 章，主要包括 AutoCAD 基础、基本绘图命令、AutoCAD 基本编辑命令、AutoCAD 高级编辑命令、文本标注与尺寸标注、建筑施工图绘制、天正建筑软件、建筑图中三维图形绘制与编辑，以及图形文件的输出与打印。

本书既可作为土木建筑工程专业的教材，也可供建筑工程专业技术人员阅读参考。

图书在版编目（CIP）数据

建筑 CAD / 章明，彭玉龙，张洁主编. -- 北京 ： 北京希望电子出版社，2017.8

ISBN 978-7-83002-476-5

Ⅰ．①建… Ⅱ．①章… ②彭… ③张… Ⅲ．①建筑制图－高等学校－教材 Ⅳ．①TU204

中国版本图书馆 CIP 数据核字（2017）第 179424 号

出版：北京希望电子出版社　　　　　　封面：赵俊红
地址：北京市海淀区中关村大街 22 号　　编辑：金美娜
　　　中科大厦 A 座 10 层　　　　　　　校对：李　冰
邮编：100190　　　　　　　　　　　　开本：787mm×1092mm　1/16
网址：www.bhp.com.cn　　　　　　　　印张：13
电话：010-82626270　　　　　　　　　字数：333 千字
传真：010-62543892　　　　　　　　　印刷：廊坊市广阳区九洲印刷厂印制
经销：各地新华书店　　　　　　　　　版次：2021 年 8 月 1 版 2 次印刷

定价：38.00 元

前 言

建筑 CAD 在我国建筑工程设计领域占据主导地位，其影响力无所不在。建筑 CAD 是土建类学生的必修课，是为培养土建类专业学生的建筑 CAD 操作能力而开出的实践技能课。掌握建筑 CAD 实用基本技能，将大大提高毕业生的就业竞争力；在工作中利用建筑 CAD 图形技术和建筑 CAD 软件，可以提高建筑设计工作人员的技能和设计效率。

目前，国内众多院校都开设了建筑 CAD 教学课程，许多从事建筑行业的人员也想尽快掌握建筑 CAD。为了落实教育规划纲要，深化高等教育和职业教育的课程改革，使大学生具备社会所需要的就业能力，我们组织专家和一线骨干教师编写了《建筑 CAD》。

编写本书的主导思想是针对应用型本科、职业教育学生，以理论够用为度，简明扼要，力求语言生动、比喻形象，使读者在轻松活泼的气氛中学习、精通建筑 CAD。本书在内容安排上是从简单的操作着手，手把手地引导读者一步一步进行绘图的各种操作。读者可以通过精心设计的实例操作，真正掌握每一个命令，轻轻松松全面系统地掌握建筑 CAD。

本书共 9 章。第 1 章 AutoCAD 基础，第 2 章基本绘图命令，第 3 章 AutoCAD 基本编辑命令，第 4 章 AutoCAD 高级编辑命令，第 5 章文本标注与尺寸标注，第 6 章建筑施工图绘制，第 7 章天正建筑软件，第 8 章建筑图中三维图形绘制与编辑，第 9 章图形文件的输出与打印。

本书由广东岭南职业技术学院章明、南通理工学院彭玉龙和河南工业和信息化职业学院张洁担任主编，由江西生物职业技术学院许玮、江西工业贸易职业技术学院赵思炯、内蒙古建筑职业技术学院马腾飞、湖南有色金属职业技术学院李美琳和李旬军、湖南高速铁路职为技术学院周景深和刘磊、林州建筑职业技术学院杨冉担任副主编。本书的相关资料和售后服务可扫封底的微信二维码或与登录 www.bjzzwh.com 下载获得。

本书在编写过程中难免有疏漏和不当之处，敬请各位专家及读者不吝赐教。

编 者

目 录

第1章　AutoCAD 基础

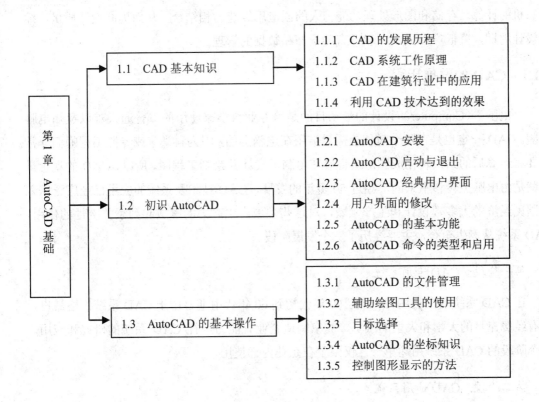

第1章 AutoCAD 基础

1.1　CAD 基本知识
- 1.1.1　CAD 的发展历程
- 1.1.2　CAD 系统工作原理
- 1.1.3　CAD 在建筑行业中的应用
- 1.1.4　利用 CAD 技术达到的效果

1.2　初识 AutoCAD
- 1.2.1　AutoCAD 安装
- 1.2.2　AutoCAD 启动与退出
- 1.2.3　AutoCAD 经典用户界面
- 1.2.4　用户界面的修改
- 1.2.5　AutoCAD 的基本功能
- 1.2.6　AutoCAD 命令的类型和启用

1.3　AutoCAD 的基本操作
- 1.3.1　AutoCAD 的文件管理
- 1.3.2　辅助绘图工具的使用
- 1.3.3　目标选择
- 1.3.4　AutoCAD 的坐标知识
- 1.3.5　控制图形显示的方法

本章结构图

【本章导读】

　　AutoCAD 是由美国 Autodesk 公司于 20 世纪 80 年代初为微机上应用 CAD 技术而开发的绘图程序软件包，经过不断完善，现已成为国际上广为流行的绘图工具。本章内容包括 CAD 的基本知识、初识 AutoCAD 和 AutoCAD 的基本操作。

【本章学习目标】

- ➢ 了解 CAD 在建筑行业中的应用。
- ➢ 了解 AutoCAD 的安装、启动与退出。
- ➢ 认识 AutoCAD 的工作界面、基本功能、命令的类型和启用。
- ➢ 掌握 AutoCAD 的基本操作。

1.1　CAD 基本知识

CAD 是 Computer Aided Design 的缩写，中文译为"计算机辅助设计"，是利用计算机的计算功能和图形处理能力，辅助进行产品或工程设计与分析的方法和技术。其特点是将计算机的计算、存储和图形处理功能与人的创造思维能力相结合，从而提高设计质量，缩短设计周期，降低产品成本，以及有助于产品数据的管理。

1.1.1　CAD 的发展历程

"电脑"（Computer）设计的最初目的是给专业科学家使用的，普通人难以窥知电脑全貌。CAD 一定也是在那个时代最需要被用在电脑上的，因为科学家或专业工程师们非常需要将运算后的结果转化成图形或直接在电脑上设计并绘制工程图。所以，CAD 的观念最早就是由电脑上转移下来的。经过 50 多年的发展，CAD 技术及系统的应用已经广泛深入到国民经济的大多数设计和生产领域，对这些领域内生产力的解放起到了关键性的作用。CAD 系统从诞生至今，主要经历了三个发展阶段。

第一阶段：CAD 专用系统

在 CAD 系统诞生初期（20 世纪 60 年代初到 60 年代中期），由于 CAD 系统价格昂贵，仅有经费充足的大学和大型的汽车、航空制造企业有能力进行 CAD 系统的研究和应用。这个阶段的 CAD 系统用途单一，仅限于在企业内部使用。

第二阶段：CAD 通用系统

从 20 世纪 60 年代末期开始，商业化的 CAD 系统推出，各大公司的专用系统也逐步进入市场。这些商业化产品早期只提供简单的二维绘图功能，这类系统通常提供一组相对完备的 CAD 功能，能解决用户大多数问题，但对于用户特殊的专业需求无能为力。

第三阶段：CAD 支撑系统

进入 20 世纪 90 年代以后，一方面，网络技术的快速发展和全球范围内的动态经济气候造成了产品开发的全球化趋势，虚拟企业的出现使得企业各部门以及部门内部呈现分布的工作模式，CAD 系统必须支持这种分布工作模式；另一方面，计算机辅助设计技术已经广泛应用于产品生命周期的各个阶段，CAD 系统不再以信息孤岛的形式存在，与其他计算机辅助系统（CAM、CAE、CAPP 等）紧密协作。CAD 系统的集成化已经成为 CAD 系统发展的主要趋势。实现集成化的基础就在于建立一个合适的 CAD 支撑平台，因此，20 世纪 90 年代以后涌现出一批 CAD 支撑系统，已有的商业系统也纷纷向支撑系统转型。支撑系统支持用户自定义应用系统以及各应用系统的集成，功能具有扩展性，能适应用户变化的需求和满足个性化用户定制的要求。

1.1.2　CAD 系统工作原理

1. CAD 系统工作原理

现代 CAD 技术已经把计算机技术、计算机图形技术、计算机语言技术、专业科学计算、算法优化、工程数据库、专家系统集成一体，使之成为一个协调的工作系统。

CAD 系统由硬件和软件两大部分组成，如图 1-1 所示。硬件是 CAD 技术的物质基础，软件是 CAD 方法的核心。

2. CAD 系统硬件组成

（1）主机

随着计算机技术的发展和计算机性能的不断提高，现在使用的计算机都能胜任 CAD 要求的运行。计算机主要组成有主板、CPU、内存条、硬盘、软驱、光驱、键盘、鼠标、显卡、显示器和机箱等。

（2）外部设备

输入设备：除了键盘和鼠标外，还有扫描仪、图形输入板、光笔等。

输出设备：打印机、绘图仪。

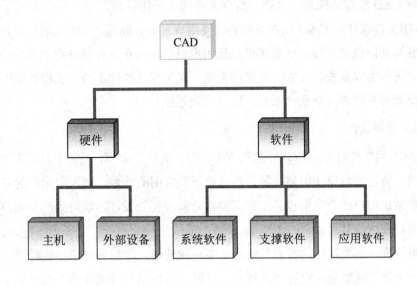

图 1-1　CAD 系统组成

3. CAD 系统软件组成

软件是控制、指挥计算机运行的各种程序和文档的总称。CAD 系统的软件是决定微机

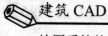

绘图系统的效率与使用是否方便的关键因素。CAD 系统中，软件一般可分为三类：系统软件（一级软件）、支撑软件（二级软件）、（工程、产品）应用软件（三级软件）。

（1）系统软件

系统软件是直接配合硬件工作的，是 CAD 系统软件中最低层次的软件，它为开发各类支撑软件和面向用户的应用软件提供了必要的基础和环境。系统软件主要负责管理硬件资源以及各种软件资源，是应用和开发 CAD 系统的软件平台。

系统软件主要有操作系统、编译系统和图形接口标准等，用于计算机的管理、维护、控制和运行，提供了整个 CAD 系统内部的支持功能，控制着存储操作、指令执行与外围设备动作。

（2）支撑软件

支撑软件是 CAD 系统的核心软件，它以系统软件为基础，又是开发应用软件的基础。支撑较件可由 CAD 厂商提供（如 AutoCAD、SolidWorks、Pro/Engineer、Unigraphics 等），也可由用户自行开发。用户在组建 CAD 系统中，根据使用要求，选购支撑软件，在此基础上再做一些适配和补充，并和用户开发的应用程序相接，以实现预定的 CAD 系统功能。

CAD 支撑软件是在系统软件基础上开发的满足 CAD 用户一些共同需要的通用性软件。通常，CAD 支撑软件包括以下几个：①几何建模和图形输出软件，辅助用户完成零部件或产品的结构设计和详细设计，输出产品的零件图、装配图或三维立体图；②产品数据管理软件，对 CAD 过程的图纸、文档、数据文件的电子化管理。

CAD 支撑软件是 CAD 软件系统的重要组成部分。随着 CAD 技术日新月异，支撑软件的内容与功能也在发展，一般来说包括图形设备驱动程序、几何造型系统、图形软件系统、真实图形生成系统、计算分析软件系统、优化算法软件系统、工程数据库及其管理系统、窗口管理系统、网络通信系统、汉字管理系统等。

（3）应用软件

CAD 应用软件是在系统软件的基础上，用高级语言编程，或基于某种支撑软件，针对特定领域、特定工程设计问题、特定产品等开发专用的软件，即面向用户的应用软件。应用软件通常由用户结合当前设计工作需要自行或委托开发，是既可为一个用户使用，也可为多个用户使用的软件。

通用软件：这类软件的特点是适合很多行业使用，用户可以直接进行设计使用，与专用软件一个最大区别是，它可以进行二次开发，为一些专用软件的开发提供了平台。如我们常用的 AutoCAD。

专用软件：这类软件主要是根据各个行业的特点，专门为其开发的软件，针对性强。土建类有天正、探索者、广联达等。

1.1.3　CAD 在建筑行业中的应用

CAD 技术目前在土木工程中的应用非常广泛，已经延伸到建设项目的规划、设计、施工，以及建成以后的维护管理等阶段。

1. 在规划中的应用

对任何工程项目，规划工作都是十分重要的。一般土木建筑工程的规划都需要考虑众多的因素，如土地利用、经济、交通、法律、景观等有关社会经济的因素，气象、地质、地形、水等有关自然的因素，以及水质、噪声、土地污染、绿化等有关生活环境的因素。任何一项规划都是一项决策，其中人始终是主体。对应于该阶段的 CAD 系统主要有以下三类：

第一类是有关规划信息的存储和查询系统，如土质数据库系统、地域信息系统、地理信息系统、城市政策信息系统等。这一类系统多采用数据库系统的形式。

第二类为信息分析系统，如规划信息分析系统等。

第三类为规划的辅助表现及作图系统，如景观表现系统、交通规划辅助系统等。

这里特别说明如下两点。首先，有关规划信息的数据库，由于其公共性高，应由政府或公共部门建立并提供服务。这类数据库是否健全，反映了一个国家的文明发展程度。其次，通过利用景观表现系统，可以在建造前就看到实物的形象及其和周围的协调情况，对于做出优秀的规划具有重要意义。

2. 在设计中的应用

一般土木建筑结构的设计都包含结构形式的选定、形状尺寸的假定、模型化、结构分析、验算、图面绘制、材料计算等过程。CAD 技术在土木建筑领域中最早就是应用在结构设计中的。所以，设计 CAD 系统的历史较长，发展比较成熟。据有关资料显示，目前我国土木建筑领域各部级设计院 CAD 出图率为 100%。运用计算机进行分析计算达 98% 以上，进行方案设计已达 80% 以上。采用 CAD 技术进行设计，设计的出错率由手工设计的 5% 降低到 1%，提高工效一般为 6～8 倍，有的可达 20 倍。由于多方案优化，节省工程投资一般为 2%～5%，个别专业可达 10% 以上。对应于设计的 CAD 系统也可分为以下三类：

第一类为对应于各个设计过程的系统，如结构形式选择系统、结构分析系统、设计系统、绘图系统、材料计算系统等。其中，每个系统都可以处理多种结构形式。其缺点是为完成一项设计需使用多个系统，不但需要掌握每个系统的使用方法，还导致大量数据的重复输入。

第二类系统为通用 CAD 系统，如 AutoCAD，这类系统只提供基本的图形处理功能，可用来绘制各个工程领域的设计图纸。

第三类系统为集成化设计系统。这类系统的自动化程度一般较高，只要输入少量的数据，即可完成设计的全过程。设计时，只需输入基本的参数，如结构尺寸、截面尺寸、材料性质等，系统即可自动进行结构分析，直至生成施工图。这类系统虽可减轻人们学习新系统的负担并避免数据的重复输入，但一般在使用时有一定的限制，即它是面向特定对象的专用软件，或是根据专业要求进行二次开发的软件。与前面的两类系统相比，使用这类系统具有作业效率较高，专用性强，相关专业数据可共享等特点。例如，由中国建筑科学研究院研制开发的具有自主版权的集成化 PKPM 系列软件系统，是目前在我国建筑工程设计中应用最广泛的系统。

3. 在施工中的应用

一般的土木建筑工程的施工包含以下过程：投标报价→施工调查→施工组织设计→人员、器材和资金的调配→具体施工及项目工程管理、验收等。目前，CAD 技术在每个过程中均有应用。如投标报价与合同管理、工程项目管理、网络计划、质量和安全的评价与分析、劳动人事工资、材料物资、机械设备、财务会计和行政管理、施工图的绘制等系统。其中，应用计算机编绘网络计划图已成为参与国际投标的必要条件之一。CAD 技术的应用，有效地提高了施工企业的工作效率和管理水平。

现在国外已开发出一些建筑物和构筑物的集成化施工系统。例如，隧道的集成化施工系统。在该系统中，包含隧道设计子系统、施工图及施工平面图绘制子系统、施工管理子系统、材料表生成子系统以及施工组织设计书生成子系统等。虽然开发这种集成化系统都伴随着极其庞大的工作量，但使用它极大地提高了工作效率。

4. 在维护管理中的应用

一般地，对土木建筑结构物的维护和管理主要包括定期检查、维修和加固等。

CAD 技术在维护管理中最早的应用是煤气、上下水管线图的计算机管理，其中包含管线的位置以及管线的埋设条件，如管线的材质、管径、埋深等。这样的系统无疑对管路的分析、检查等提供了极大的方便。近年来，出现了以数据库为中心的道路设施维护管理 CAD 系统。这种系统具有两种作用：一种是用于保存定期检查结果等信息，另一种是用于辅助维修和加固的规划设计。

当前，土木建筑"向空间要面积、向地下要根基"的势头目盛，而施工技术和建筑新材料的不断创新、智能型建筑的兴起等更是对土木工程设计提出了新的挑战。随着计算机技术和土木工程技术的飞速发展，现代 CAD 技术在土木工程中的应用也必将得到进一步的发展。

1.1.4 利用 CAD 技术达到的效果

在 CAD 技术出现以前，工程设计的全过程都是借助铅笔、尺子、图板、计算器等工

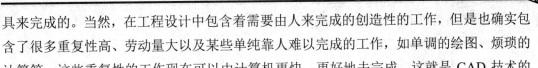

具来完成的。当然，在工程设计中包含着需要由人来完成的创造性的工作，但是也确实包含了很多重复性高、劳动量大以及某些单纯靠人难以完成的工作，如单调的绘图、烦琐的计算等。这些重复性的工作现在可以由计算机更快、更好地去完成，这就是 CAD 技术的意义所在。

计算机的主要特点是运算速度快、存储数据多、精确度高、具有记忆和逻辑判断能力，可以处理图形。所有这些特点都可被用于辅助设计过程。一般地，利用 CAD 技术可以收到以下效果：

首先，缩短设计工期。由于计算机处理速度快，并能不间断地工作，因此可以大大地提高设计效率，缩短设计工期。这就意味着能早日推出新产品，产生更多的设计方案，以便进行方案比较，选出最佳设计方案，从而更好地达到预期的目的。

其次，提高设计质量。使用自动化程度较高的 CAD 系统进行设计时，设计者只需输入一些有关设计初始条件的数据，由计算机调用结构分析程序进行分析计算，就可得到设计结果。此外，利用计算机可以得到清晰、整齐、美观的设计图和文档，便于校核和修改，从而有效地防止手工绘图过程中尺寸标注错误、不同图纸在表达同一构件时的不一致等错误的产生，提高了设计质量。

第三，降低设计成本。应用 CAD 技术可以帮助设计者提高设计效率，当设计劳务费较高而 CAD 系统的费用较低时，就会降低设计成本。

1.2　初识 AutoCAD

AutoCAD 可以绘制任意二维和三维图形，并且同传统的手工绘图相比，用 AutoCAD 绘图速度更快、精度更高，而且富于个性，它已经在航空航天、造船、建筑、机械、电子、化工、美工、轻纺等很多领域得到了广泛应用，并取得了丰硕的成果和巨大的经济效益。

1.2.1　AutoCAD 安装

1．硬件要求

微处理器：Pentium（r）Ⅲ以上，或兼容处理器。

内存：256MB。

硬盘：1.6G 剩余磁盘空间。

读入设备：CD-ROM 驱动器。

显示设备：1024×768 真彩色显示器，建议使用 1280×1024 或更高配置及 Windows支持的显示卡。

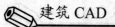

输入设备：鼠标、轨迹球或其他定点设备。

输出设备：打印机或绘图仪。

2. 软件要求

Microsoft Windows XP Professional、Microsoft Windows Home Editon、Microsoft Windows Tablet PC Edition；浏览器需要 Microsoft Internet Explorer 6.0 或更高版本；TCP/IP 协议或 IPX 协议。

3. 安装方法

AutoCAD 提供了方便的安装导向。将 AutoCAD 的安装光盘放入计算机的光驱中，双击桌面上"我的电脑"后，依次单击"光盘驱动器图标"→"AutoCAD 安装程序"，根据安装导向逐步单击"下一步"和填入需要的内容后，单击"完成"即可。安装完成后，重新启动计算机使配置生效。

1.2.2 AutoCAD 启动与退出

1. 启动 AutoCAD

启动 AutoCAD 应用软件有以下两种方法：

（1）双击桌面上的 AutoCAD 快捷图标 。

（2）打开"开始"菜单，鼠标移至程序，在程序子菜单中找到"Autodesk"，其子菜单显示 AutoCAD 快捷图标，单击即可打开。如图 1-2 所示。

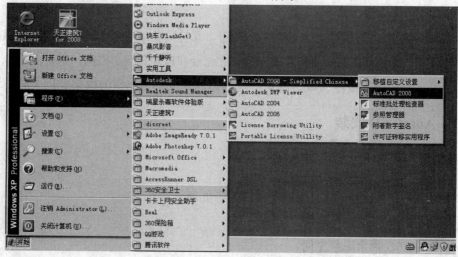

图 1-2 从"开始"菜单启动 AutoCAD

2．退出 AutoCAD

退出 AutoCAD 有以下三种方法：

（1）单击 AutoCAD 界面右上角的"退出"按钮。

（2）选择"文件"菜单→"退出"命令。

（3）单击标题栏中的 AutoCAD 图标，弹出小菜单，从小菜单的"关闭"命令中退出。

在关闭 AutoCAD 之前，应保存用户绘制的图形。如用户未保存图形，则在关闭程序后，屏幕上会出现对话框，用以确定用户是否保存所绘制的图形。

如果保存图形，单击"是"按钮，并输入图形文件名；如不保存，单击"否"按钮，退出 AutoCAD 程序。

【小技巧】双击工作面上的控制图标按钮，也可以退出 AutoCAD。

1.2.3　AutoCAD 经典用户界面

下面以 AutoCAD 经典工作空间为例来介绍它的用户界面。AutoCAD 用户窗口中主要有以下元素：标题栏、菜单栏、工具栏、绘图区、命令提示和信息反馈区、系统当前状态提示区等，如图 1-3 所示。

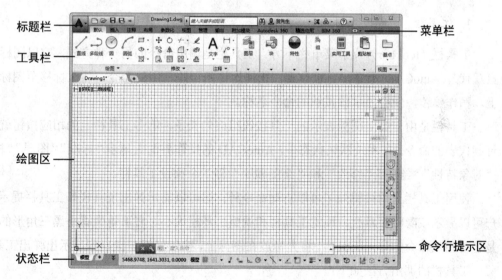

图 1-3　AutoCAD 经典用户界面

1．标题栏

标题栏（title bar）位于工作界面最上部，其左端是窗口控制菜单图标，单击该图标或按【Alt＋Space】键，将弹出窗口控制快捷菜单，用户可以用该菜单中相应的命令完成最大化、最小化、还原、移动、大小、关闭窗口等操作。

标题栏上显示了应用程序的名称，如果将窗口最大化，还会显示当前正在编辑文件的名称。标题栏右端有 3 个按钮，从左到右分别为最小化按钮、最大化（或者往下还原）按钮和关闭按钮，单击这些按钮可以使窗口最小化、最大化（还原）或关闭。另外，如果当前程序窗口未处于最大化或最小化状态，则在将光标移至标题栏后，按下鼠标左键并拖动，可移动程序窗口的位置。

2. 菜单栏

菜单栏（menu bar）位于标题栏之下，由 11 个菜单组成。用鼠标单击任意一个菜单项，可以弹出一个下拉菜单。用户可以从中选择相应的命令进行操作。

如果下拉菜单中的菜单项后面不带任何标记，表示执行该菜单命令后，会执行某个操作或者达到某种效果。

对于另外一些菜单项，后面跟有省略符号"…"，则表示选择该菜单命令后会弹出对话框，供用户进一步选择和设置参数。

如果菜单项右面跟有一个实心的小三角形，则表明该菜单项下面还有若干子菜单，将光标移动到该菜单项上，将弹出级联子菜单。在某些菜单命令后面有组合键，表示用户除了使用鼠标外，还可以使用组合键来执行该命令。

3. 工具栏

工具栏（tool bar）位于菜单栏下方。工具栏是调用命令的另一种方式，它以图标形式直观代替 AutoCAD 命令，可以直观、快捷地访问一些常用的命令。将鼠标移至图标按钮上，稍作停留，便会显示该按钮的命令名称。

工具栏是由一类用图标表示的工具按钮组成的长条，单击工具栏上的相应按钮就能执行其代表的命令。在系统默认状态下，AutoCAD 的操作界面上显示"标准""图层""样式""对象特性""绘图""修改"和"绘图顺序"等 7 个预设工具栏。

使用工具栏上的按钮除了可以启动命令外，还可以显示弹出工具栏和工具栏提示。用户可以显示或隐藏工具栏、锁定工具栏和调整工具栏大小。右下角带有小黑三角形的按钮是包含相关命令的弹出工具栏。将光标放在图标上，按住鼠标左键直到显示出弹出工具栏。

工具栏的调出方法如下：

（1）将鼠标移至 AutoCAD 界面上工具栏的任意位置，单击鼠标右键，出现工具栏列表，选择并单击需要的工具栏，屏幕上就出现该工具栏。

（2）从工具菜单栏也可以调出工具栏的"自定义"界面。

将鼠标移至工具栏，按住鼠标左键，可将其拖到合适的位置。

4. 状态栏

状态栏位于 AutoCAD 工作界面的最底部。状态栏左侧为"系统坐标"显示区域，将会显示十字光标当前所在的位置坐标，右侧显示了可以辅助绘图的 9 个功能按钮，分别为"捕捉（snap）""栅格（grid）""正交（ortho）""极轴（polar）""对象捕捉（osnap）""对象追踪（otrack）""DYN（动态输入）""线宽（LWT）"和"模型（model）"，其功能将在后面讲解捕捉和追踪功能时进行介绍。

5. 绘图区

绘图区是屏幕上空白区域，这个区域是进行绘图的区域，相当于一张图纸。这张虚拟的图纸，与实际的图纸又有区别，主要体现在以下几个方面：

（1）理论上无穷大的，绘图区尺寸可以随时调整。

（2）可以分层操作。

（3）强调相对大小的概念，一般意义上的计算单位对工作区无意义。

（4）利用窗口缩放功能，可以使绘图区无限增大或缩小。

用户所进行绘图操作的过程以及完成的图形结构都会直观地反映在绘图区里。

6. 命令行提示区

命令行提示区是用于接收用户命令以及显示各种提示信息的区域。用户通过菜单或者工具栏执行命令的过程将在命令行提示区里显示，用户也可以直接在命令行提示区输入命令，执行相关操作。

【注意】在绘图过程中，一定要注意命令行的提示，可以按照提示进行操作。

1.2.4　用户界面的修改

在 AutoCAD 的菜单中，选择"工具"/"选项"命令，将弹出"选项"对话框，如图 1-4 所示。单击其中的"显示"选项，切换到"显示"选项卡，其中包括 6 个选项组："窗口元素""显示精度""布局元素""显示性能""十字光标大小"和"参照编辑的褪色度"，分别对其进行操作，即可以实现对原有用户界面中某些内容的修改。现仅对其中常用内容的修改加以说明。

1. 修改图像窗口中十字光标的大小

系统预设十字光标的长度为屏幕大小的 5%，用户可以根据绘图的实际需要更改其大小。改变十字光标大小的方法为：在"十字光标大小"选项组中的文本框中直接输入数值，或者拖动文本框后的滑块，即可以对十字光标的大小进行调整。

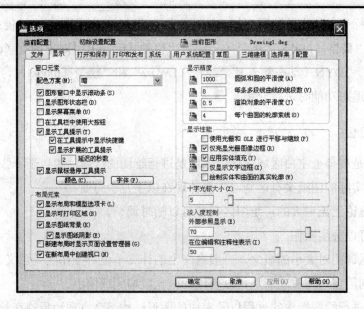

图 1-4 "选项"对话框

2. 修改图形窗口背景颜色

在默认情况下，AutoCAD 的绘图窗口是白色背景、白色线条，利用"选项"对话框，同样可以对其进行修改。

（1）单击"窗口元素"选项中的"颜色"按钮，将弹出如图 1-5 所示的"图形窗口颜色"对话框。

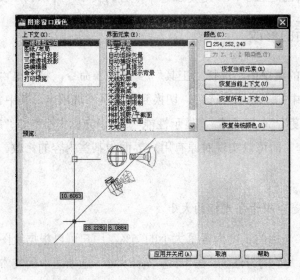

图 1-5 "图形窗口颜色"对话框

（2）单击"颜色"下拉列表框中的下拉箭头，在弹出的下拉列表中，选择"黑"，如图 1-6 所示，然后单击"应用并关闭"按钮，则 AutoCAD 的绘图窗口将变为白色背景、黑色线条。

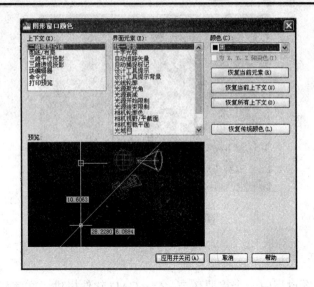

图 1-6　"图形窗口颜色"对话框中的"颜色"下拉列表

1.2.5　AutoCAD 的基本功能

要学习好 AutoCAD 软件，首先要了解该软件的基本功能，如图形的创建与编辑、图形的标注、图形的显示以及图形的打印功能等。

1. 图形的创建与编辑

在 AutoCAD 中，用户可以使用"直线""圆""矩形""多段线"等基本命令创建二维图形。在图形创建过程中，也可以使用"偏移""复制""镜像""阵列""修剪"等编辑命令对图形进行编辑或修改，如图 1-7 所示。

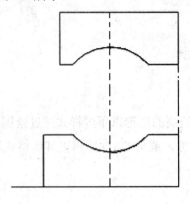

图 1-7　编辑二维图形

通过拉伸、设置标高和厚度等操作，可以将二维图形转换为三维图形，还可以运用视图命令对三维图形进行旋转查看。此外，还可赋予三维实体光源和材质，通过渲染处理即可得到具有真实感的三维图形效果，如图 1-8 所示。

图 1-8　渲染三维图形

2. 图形的标注

图形标注是制图过程中一个重要环节。AutoCAD 软件提供了文字标注、尺寸标注以及表格标注等功能。AutoCAD 的标注功能不仅提供了线性、半径和角度三种基本标注类型，还提供了引线标注、公差标注等。标注对象可以是二维图形，如图 1-9 所示；也可以是三维图形，如图 1-10 所示。

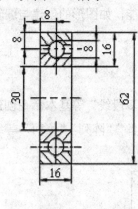

图 1-9　二维标注

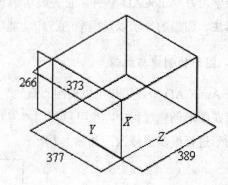

图 1-10　三维标注

3. 图形的输出与打印

AutoCAD 不仅可以将绘制的图形以不同样式通过绘图仪或打印机输出，还能将不同格式的图形导入 AutoCAD 软件，或将 CAD 图形以其他格式输出。

4. 图形显示控制

在 AutoCAD 中，用户可以多种方式放大或缩小图形。对于三维图形来说，利用"缩放"功能可以改变当前视口中的图形视觉尺寸，以便清晰地查看图形的全部或某一部分细节。在三维视图中，可将绘图窗口划分成多个视口模式，并从各视口中查看该三维实体，如图 1-11 所示。

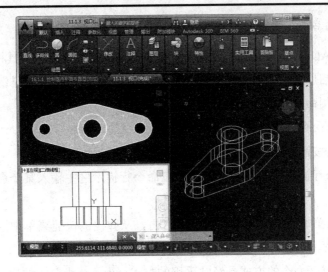

图 1-11　视口模式

1.2.6　AutoCAD 命令的类型和启用

命令是 AutoCAD 绘制与编辑图形的核心，执行每一个操作都需要启用相应的命令。因此，在学习该软件之前应了解命令的类型与启用方法。

1. 命令的类型

AutoCAD 中的命令可分为两类：一类是普通命令，另一类是透明命令。

（1）普通命令

普通命令只能单独作用，AutoCAD 的大部分命令均为普通命令，如撤销、重复与取消命令就属于普通命令。在 AutoCAD 中，欲终止某个命令时，可以按【Esc】键撤销当前正在执行的命令。当需要重复执行某个命令时，可以按【Enter】键或【Space】键，也可以在绘图窗口内右击，在弹出的快键菜单中选择"重复选择"命令。如果执行了一些错误的命令，需要取消前面执行的一个或多个操作时有 3 种方法：选择"编辑"→"放弃"命令；单击"标准"工具栏中的"放弃"按钮 ；输入命令"UNDO"。

在 AutoCAD 中，通过无限次地进行取消操作，就可以观察整个绘图过程。当取消一个或多个操作后，又想重做这些操作时，可以使用"标准"工具栏中的"重做"按钮 。

（2）透明命令

透明命令是指在运行其他命令的过程中可以输入要执行的命令，即系统收到透明命令后，将自动终止当前正在执行的命令而先执行透明命令。透明命令的执行方式是在当前命令提示上输入"'"＋透明命令。

在命令行中，系统在透明命令的提示信息前用两个大于号（＞＞）表示正处于透明执行状态。当透明命令执行完毕之后，系统会自动恢复被终止的命令。

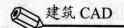

2. 命令的启用方法

在 AutoCAD 工作界面中，当选择菜单中的某个命令或单击工具栏中的某个按钮时，其实质就是再启用某一个命令，从而达到进行某个操作的目的。通常情况下，在 AutoCAD 工作界面中启用命令有以下 4 种方法：

（1）菜单命令方式。在菜单栏中选择菜单中的"命令"选项。

（2）工具按钮方式。直接单击工具栏中的"工具"按钮。

（3）命令行提示区的命令行方式。在命令行提示区中输入某个命令的名称，然后按【Enter】键。

（4）快捷菜单方式。在绘图窗口中右击，从弹出的快捷菜单中选择合适的命令完成相应的操作。

前 3 分钟打开命令的方式是经常采用的方式。为了减少单击的次数、减少用户的工作量，应尽量使用单击"工具"按钮的方式启用命令。使用命令行方式时，对于常用命令可以直接输入命令的缩写。例如，进行直接操作时使用的命令是 LINE，可直接输入其缩写 L，可以提高工作效率。

1.3 AutoCAD 的基本操作

1.3.1 AutoCAD 的文件管理

1. 新建文件

AutoCAD 文件的创建可以使用表 1-1 所示的方法，文件建立后就可以在绘图区作图了。

表 1-1 新建 AutoCAD 文件的基本操作

类别 方法	创建新文件
方法 1	单击"标准"工具栏中的"创建新文件"按钮
方法 2	在菜单栏的"文件"菜单中选择"新建"命令
方法 3	【Ctrl＋N】组合键
方法 4	在命令行中输入"new"

2. 保存文件

在绘图过程中应随时注意保存图形，以免因死机、停电等意外事故造成图形丢失。

（1）原名存盘

在 AutoCAD 中，保存文件的方法见表 1-2。

表 1-2　保存 AutoCAD 文件的基本操作

类别 方法	保存文件
方法 1	单击"标准"工具栏中的"保存"按钮
方法 2	在菜单栏的"文件"菜单中选择"保存"命令
方法 3	【Ctrl＋S】组合键
方法 4	在命令行中输入"save"命令

（2）换名存盘

换名存盘是指将文件另存为另外的名称或方式，一般使用图 1-12 和表 1-3 和所示的方法。

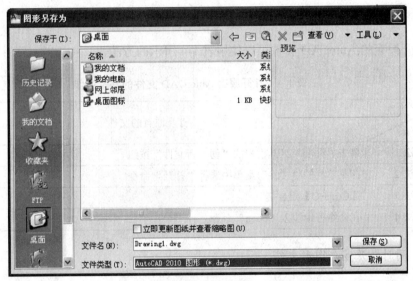

图 1-12　换名存盘

表 1-3　换名存盘的基本操作

类别 方法	保存文件
方法 1	在菜单栏的"文件"菜单中选择"另存为"命令
方法 2	在命令行中输入"save as"命令

如果当前图形已经命名，则"保存"命令将以定好的名称保存文件，若当前文件尚未命名，在输入存盘命令时，打开"图形另存为"对话框，如图 1-12 所示，可在对话框中为图形文件命名，并为其选择合适的存盘位置后存盘。

高版本 AutoCAD 文件在低版本的 AutoCAD 软件里是打不开的，比如 AutoCAD2010

版绘制的图在 AutoCAD2007 版的软件中打不开。因此，为了文件的兼容性,文件类型可以存为 AutoCAD 2004 类型或更低的类型，保证文件在不同的版本中都能顺利打开。

（3）退出当前文件

单击当前文件右上侧的"关闭" ▇ 按钮，即可关闭当前文件。关闭文件前如果没有存盘,系统会提示是否需要存盘。如果需要存盘，则单击"是"按钮；如果不需要存盘，则单击"否"按钮，如图 1-13 所示。

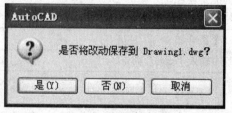

图 1-13　关闭文件前是否存盘

3. 打开文件

打开原有的 AutoCAD 文件可以使用表 1-4 所示的方法。

表 1-4　打开原有 Auto CAD 文件的基本操作

方法\类别	打开原有的文件
方法 1	单击"标准"工具栏中的"创建新文件"按钮
方法 2	在菜单栏的"文件"菜单中选择"打开"命令
方法 3	【Ctrl＋O】组合键
方法 4	在命令行中输入"open"命令

4. 同时打开多个图形文件

在一个 AutoCAD 任务下可以同时打开多个图形文件。其方法是在"选择文件"对话框中，按下【Ctrl】键的同时选中几个要打开的文件，然后单击"打开"按钮即可。同时打开多个文件的功能为重复使用过去的设计及在不同图形文件之间移动、复制图形对象及其特性提供了方便。

1.3.2　辅助绘图工具的使用

1. 栅格与捕捉

捕捉（snap）用于控制间隔捕捉功能，如果捕捉功能打开，光标将锁定在不可见的捕捉网格点上，作步进式移动。捕捉间距在 X 方向和 Y 方向一般相同，也可以不同。

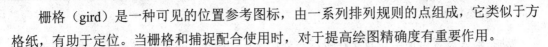

栅格（gird）是一种可见的位置参考图标，由一系列排列规则的点组成，它类似于方格纸，有助于定位。当栅格和捕捉配合使用时，对于提高绘图精确度有重要作用。

捕捉和栅格设置如图 1-14 所示。

2. 对象捕捉

目标捕捉是一个十分有用的工具。其作用是：十字光标可以准确定位在已存在的实体特定点或特定位置上。例如，对于屏幕上两条直线的一个交点，若要以这个交点为起点再画直线，就要求能准确地把光标定位在这个交点上，这仅靠视觉是很难做到的。若利用目标捕捉功能的交点捕捉，只需把交点置于选择框内或选择框的附近便可准确地确定在交点上，从而保证了绘图的精确度。对象捕捉设置如图 1-15 所示。

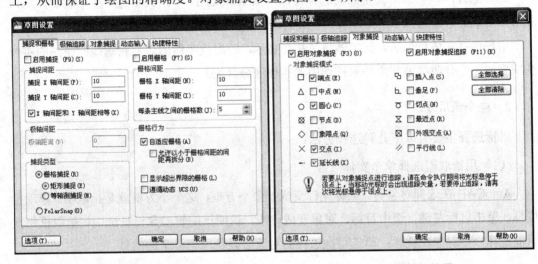

图 1-14　捕捉和栅格设置　　　　　图 1-15　对象捕捉设置

3. 正交模式

用鼠标来画水平和垂直线时，也许会发现要真正画直并不容易。光凭肉眼去观察和掌握，实在费劲，稍一偏差，水平线不水平，垂直线不垂直。为解决这个问题，AutoCAD 提供了一个正交（ortho）功能。当正交模式打开时，AutoCAD 限定只能画水平线或铅垂线，使用户可以精确地绘制水平线和铅垂线，这样可以大大地方便绘图。

【提示】【F8】键可以在打开和关闭正交功能之间切换。

4. 自动追踪

在 AutoCAD 中，可以按某个指定的角度或利用点与其他实体对象之间特定的关系确定所要创建的点的方向，称为自动追踪。自动追踪分为极轴追踪和对象捕捉追踪两种。极轴追踪是利用指定角度的方式设置点的追踪方向，对象追踪是利用点与其他实体对象之间特定的关系来确定追踪方向。

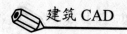

5. 动态输入

动态输入设置可使用户直接在鼠标点处快速启动命令、读取提示和输入值，而不需要把注意力分散到图形编辑器外。用户可在创建和编辑几何图形时动态查看标注值，如长度和角度，通过【TAB】键可在这些值之间切换。我们可使用在状态栏中新设置的切换按钮来启用动态输入功能。

1.3.3 目标选择

1. 命令作用

目标选择，顾名思义就是如何选择目标，在 AutoCAD 中，只要进行图形编辑，用户就必须准确无误地通知 AutoCAD，将要对图形文件中的哪些实体目标进行操作。

用户选择实体目标后，该实体将呈高亮显示，即组成实体的边界轮廓线的原先的实线变成虚线，十分明显地和那些未被选中的实体区分开来。

2. 命令调用方法

目标选择主要有以下几种选择方法：

（1）用拾取框选择单个实体

AutoCAD 在选择对象时，鼠标光标变成一个小方框，这个小方框就是拾取框。移动拾取框，单击鼠标左键，选中目标，对象变成虚线，说明该编辑对象已被选中。拾取框每次只能选择一个对象。注意：单选每次选择的对象必须是一个单个的实体。

（2）全选对象

如果需要选择所有图形，有以下两种方法：①使用【Ctrl＋A】快捷键；②打开"编辑"菜单，单击"全部选择"命令，所有对象被全部选择，可进行编辑。

3. 窗口方式和交叉方式

（1）窗口方式（Window 方式）

窗口方式的操作要点：执行编辑命令后，单击鼠标左键，选择第一对角点，从左向右移动鼠标；再单击鼠标左键，选取另一对角点，即可看到绘图区内出现一个实线的矩形，称之为 Window 方式下的矩形选择框。此时只有全部被包含在该选择框中的实体目标才被选中。

（2）交叉方式（Crossing 方式）

交叉方式的操作要点：执行编辑命令后，单击鼠标左键，选取第一对角点，从右向左移动鼠标；再单击鼠标左键，选取另一对角点，即可看到绘图区内出现一个呈虚线的矩形，称之为 Crossing 方式下的矩形选择框。此时完全被包含在矩形选择框之内的实体以及与选择框部分相交的实体均被选中。

1.3.4　AutoCAD 的坐标知识

1. 坐标系

AutoCAD 的坐标系主要包括：①世界坐标系，是缺省坐标系统，其坐标原点和坐标轴方向均不会改变；②用户坐标系，根据需要自己建立的坐标系。

2. 坐标表示方法

（1）绝对坐标

绝对坐标是以原点（0,0,0）为基点定位所有的点，包括绝对直角坐标和绝对极坐标两种。①绝对直角坐标：绘图区内任何一点均可以用 x、y、z 来表示，在 XOY 平面绘图时，Z 坐标缺省值为 0，用户仅输入 X、Y 坐标即可；②绝对极坐标：极坐标是通过相对于极点的距离和角度来定义点的位置的，其示方法是：距离<角度。

（2）相对坐标

相对坐标是某点（例如 A 点）相对某一特定点（例如 B 点）的位置，绘图中常将上一操作点看成是特定点，相对坐标的表示特点是，在坐标前加上相对坐标符号"@"。相对坐标包括相对直角坐标和相对极坐标。相对直角坐标的表示方法是：@x，y；相对极坐标的表示方法是：@距离<角度。

3. 用户坐标系的创建

了解 AutoCAD 的坐标系统对学习 CAD 制图以及以后的施工图绘制是非常必要的，因为以后很多 CAD 命令的使用都和坐标有关。

（1）坐标系统

AutoCAD 有两种坐标系统：一是（基本）坐标系 WCS（World Coordinate System）；二是坐标系 UCS（User Coordinate System ）。

在 AutoCAD 中，当用户新建一个图形文件时，在绘图窗口的左下角可以看到一个坐标系，它就是世界坐标系（又称 WCS），是系统默认坐标。除了世界坐标系，用户在绘图过程中也可以自行定义自己的坐标系，即用户坐标系（UCS）。

（2）世界坐标系输入方法

绘制图形时，如何精确地输入点的坐标是绘图的关键。经常采用的精确定位坐标点的方法有以下四种方式：①绝对坐标（X，Y，Z）；②相对坐标（@△X，△Y，△Z）；③绝对极坐标（距离＜角度）；④相对极坐标（@距离＜角度）。

AutoCAD 精确定位坐标点的方法如图 1-15 所示。

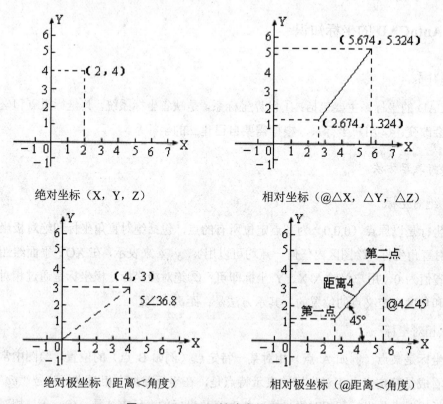

绝对坐标（X，Y，Z）　　　　　　　　相对坐标（@△X，△Y，△Z）

绝对极坐标（距离＜角度）　　　　　　相对极坐标（@距离＜角度）

图-16　AutoCAD 精确定位坐标点的方法

1.3.5　控制图形显示的方法

1. 视窗缩放

使用 AutoCAD 绘图时，由于显示器大小的限制，往往无法看清图形的细节，就无法准确地绘图。为此，AutoCAD 提供了多种改变图形显示的方式，可以放大图形的显示方式来更好地观察图形的细节，也可以用缩小图形的显示方式浏览整个图形，还可以通过视图的平移的方法来重新定位视图在绘图区域中的位置等。

AutoCAD 提供了 Zoom 命令，通过此命令，可对图形的显示大小进行缩放，便于用户观察图形，进行绘图工作。启动"Zoom"命令有 3 种方式：

（1）在命令行提示下输入"Zoom"（简捷命令"Z"）并按【Enter】键。

（2）在标准工具栏上单击"Zoom"命令对应的三个图标按钮。

（3）打开下拉菜单"视图"缩放命令，此时弹出一级联菜单，如图 1-17 所示，在其中可选择相应的缩放命令。

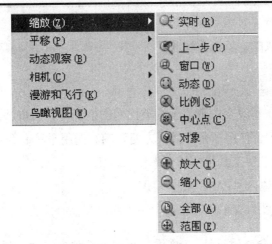

图 1-17　对象捕捉设置

【提示】执行缩放命令后，命令行中提示"[全部（A）/中心（C）/动态（D）/范围（E）/上一个（P）/比例（S）/窗口（W）/对象（O）]<实时>:"。

【参数说明】

➢ **全部（A）**。在当前视窗下显示该文件下的全部图形。执行该命令时，在命令行中输入"Z"，然后按【Enter】键；再输入"A"，再按【Enter】键即可。

➢ **中心（C）**。在缩放时，指定一个中心点，同时输入新的缩放系数或高度，缩放后的图形将以指定点作为视窗中图形显示的中心，按给定的缩放系数进行缩放。执行该命令的方式：输入命令"Z"，按【Enter】键→"C"，按【Enter】键→指定中心点。用鼠标左键单击屏幕上用户要给定图形的中心点→输入比例高度，按【Enter】键，图形放大 2 倍。

➢ **动态（D）**。对图形进行动态缩放。

➢ **比例（S）**。按比例缩放图形，执行此命令后，命令行提示"输入比例因子，输入缩放的比例因子，并按【Enter】键，屏幕上图形就会扩大 2 倍"。

➢ **范围（E）**。选择范围缩放"E"后，当前视窗中的图形会尽可能地充满全屏幕。

➢ **上一个（P）**。执行此命令后，图形将恢复上一个视窗显示的图形，这种恢复最多可以按顺序恢复 10 个以前的图形。

➢ **窗口（W）**。将由鼠标拖动的矩形框内的图形放大到全屏显示。执行的方法为：输入缩放命令"Z"，按【Enter】键；再输入"W"，按【Enter】键，此时鼠标光标变成十字光标，用光标在要放大的图形局部左上方单击鼠标左键，并拖动鼠标成矩形框至右下角，释放鼠标左键，被矩形框包围的图形局部就会充满全屏。

➢ **对象（O）**。执行此命令后，系统会将所选择的对象充满全屏。

➢ **实时**。该选项为系统缺省项，输入缩放命令后，直接按【Enter】键，按住鼠标左键，向屏幕外拖动，图形放大；向屏幕内拖动，图形则缩小。

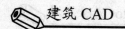

【提示】在执行实时缩放命令时，如果图标中的"＋"或"－"在拖动时消失，则表示图形已经缩放到极限，不能再缩放。

2．视窗平移

平移命令可以在不改变图形显示缩放比例的情况下，在屏幕上显示图形的不同部位。此命令与缩放命令配合使用非常有效，方便画图。调用平移命令有以下 3 种方法：

（1）单击"标准"工具栏中的"平移"按钮。

（2）在命令行输入"PAN"或者"P"。

（3）选择"视图"菜单→"平移"→"实时"命令。

【提示】在执行命令的同时，不需要退出命令而被直接插入到其他命令中执行的命令，称为"透明命令"，如缩放命令、平移命令等。

3．图形重生成

在绘制 AutoCAD 图形时，当图形变化较大时，有时绘制的曲线图形会在屏幕上显示成折线，这是可以执行重生成命令。①在命令行输入"REGEN"；②选择"视图"菜单→"重生成"命令。

本章小结

通过本章的学习，读者应该了解 CAD 的发展历程、CAD 系统工作原理、CAD 在建筑行业中的应用以及利用 CAD 技术达到的效果；了解 AutoCAD 的安装、启动与退出；认识 AutoCAD 的工作界面、基本功能、命令的类型和启用；掌握 AutoCAD 的文件管理和辅助绘图工具的使用；了解目标选择和 AutoCAD 的坐标知识。

本章练习

1．AutoCAD 的操作界面有哪几部分组成？

2．AutoCAD 的基本功能有哪些？

3．练习图形文件的新建、打开、保存、关闭。

4．设置 AutoCAD 的绘图界面和绘图环境。

5．尝试调用标注、视图、查询等工具栏。

第 2 章　基本绘图命令

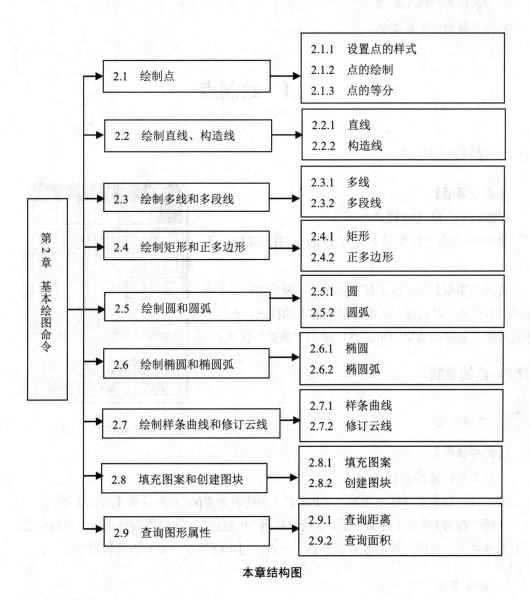

本章结构图

【本章导读】

在绘制建筑工程图中，无论多么复杂的图形都是从基本图形完成的。本章主要介绍了 AutoCAD 绘图命令的基本操作，主要包括点、直线和构造线、多线和多段线、正矩形和正多边形、圆和圆弧、椭圆和椭圆弧、样条曲线和修订云线、填充图案和创建图块等命令。

【本章学习目标】

➢ 掌握点、直线和构造线、多线和多段线、正矩形和正多边形、圆和圆弧、椭圆和椭圆弧、样条曲线和修订云线的绘制。

➢ 掌握如何填充图案。

➢ 了解如何创建图块。

2.1 绘制点

2.1.1 设置点的样式

【命令调用】

下拉菜单：格式|点样式

命令行：在命令行提示下输入"Ddptye"后，按【Enter】键。

【操作指南】执行以上任意命令后，弹出如图 2-1 所示的"点样式"对话框，从中选择所需点的样式，点的大小直接输入相应的数字即可，然后单击"确认"按钮。

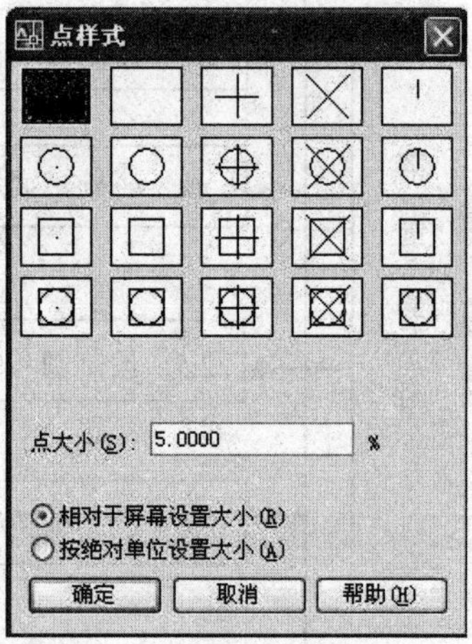

2.1.2 点的绘制

1. 绘制单点

【命令调用】

下拉菜单：格式|点样式|单点

命令行：在命令行提示下输入"Point"（简捷命令"po"）后，按【Enter】键。

【操作指南】执行上述命令后，系统将提示"指定点："，在绘图区单击指定点的位置，此时命令结束。调用一次命令只能绘制一个点，想再绘制点，需要再次调用命令。

2. 绘制多点

【命令调用】

下拉菜单：格式|点的样式|多点

工具栏：绘图|点按钮

【操作指南】执行上述命令后，系统将提示"指定点："，在绘图区单击指定点的位置，即可创建点对象，且多点绘制时，只要命令不结束，可以绘制多个点对象。

图 2-1 "点样式"对话框

2.1.3　点的等分

1.　点的定数等分

【命令调用】

下拉菜单：格式｜点的样式｜点的定数等分

命令行：在命令行提示下输入 "Divide"（简捷命令 "div"）后，按【Enter】键。

【操作指南】执行上述命令后，系统将提示："选择要定数等分的对象："时，选择要等分的对象；选择后，系统提示"输入线段数目或[块（B）：]"，此时输入要等分的数目，然后按【Enter】键确认，结束操作。

【操作实例】

题目：用 Divide 命令将圆 5 等分，如图 2-2 所示。

操作如下：

命令：Divide	//执行 Divide 命令
选择要定数等分的对象：	//选择等分对象
输入线段数目或 [块（B）]：　5	//输入等分数目 5
按【Enter】键	//确认，完成操作

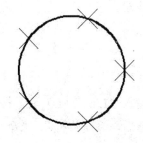

图 2-2　点的定数等分

2.　点的定距等分

【命令调用】

下拉菜单：格式|点的样式|点的定距等分

命令行：在命令行提示下输入 "Measure" 后，按【Enter】键。

【操作指南】执行上述命令后，系统将提示："选择要定距等分的对象："时，点选择，系统提示"指定线段长度或 [块（B）]："。此时输入要线段长度，然后按【Enter】键确认，结束操作。

【操作实例】

题目：用 Measure 命令将一条直线定距等分，每段长度 10mm，如图 2-3 所示。

操作如下：

命令：Measure   //执行 Measure 命令

选择要定距等分的对象：   //选择等分对象

指定线段长度或 [块（B）]： 10   //输入长度 10

按【Enter】键。   //确认，完成操作

图 2-3　点的定距等分

【提示】如果定距等分的对象不能被所选的长度整除，则最后放置点到断点的距离不等于所选长度。

2.2　绘制直线、构造线

2.2.1　直线

直线命令用于绘制二维直线段。

【命令调用】

下拉菜单：绘图|直线

工具栏：绘图|直线按钮

命令行：在命令行提示下输入"Line"（L）后，按【Enter】键。

【操作指南】执行直线命令后，系统将提示："命令：line 指定第一点："时，在窗口单击选择起点，系统提示"指定下一点或 [放弃（U）]："，在窗口单击选择为该线段的终点，如果只画一条直线，可以敲回车确认，结束命令；如果绘制多条线段，系统将提示"指定下一点或 [闭合（C）/放弃（U）]："，这样可以一直做下去，除非按【Enter】键或者【Esc】键，才能结束或者终止命令。

【操作实例】

题目：用直线命令绘制一个矩形 ABCD。如图 2-4 所示。

操作如下：

命令：_Line 指定第一点：   //执行 Line 命令

指定下一点或 [放弃（U）]：   //单击起始点 A

指定下一点或 [放弃（U）]：   //单击起始点 B

指定下一点或 [闭合（C）/放弃（U）]：   //单击起始点 C

指定下一点或 [闭合（C）/放弃（U）]：   //单击起始点 D

指定下一点或 [闭合（C）/放弃（U）]:　　　　　　　　//敲击回车，结束命令

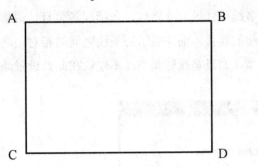

图 2-4 　直线命令绘制矩形

【提示】直线命令绘制多条线段中，每条线段都是一个独立的对象，即可以对每条直线进行单独编辑，每条直线也是一个单独的实体。

2.2.2　构造线

构造线命令可以绘制无限延伸线，主要用于绘制辅助线。

【命令调用】

下拉菜单：绘图|构造线

工具栏：绘图|构造线按钮　

命令行：在命令行提示下输入"Xline"（XL）后，按【Enter】键。

【操作指南】执行射线命令后，系统将提示："指定点或[水平（H）/垂直（V）/角度（A）/二等分（B）/偏移（O）]"，在窗口单击选择点，系统提示"指定通过点："，在窗口单击确定通过点，可以绘制一条构造线。如果只画一条构造线，可以敲回车确认，结束命令；如果绘制多条构造线，系统将一直提示"指定通过点："，只有按【Enter】键或者【Esc】键，才能结束或者终止命令。

2.3　绘制多线和多段线

2.3.1　多线

多线主要用于绘制多条平行线，比如可以用于建筑图墙体、平面窗户等图形的绘制。多线样式的设置如下：

用鼠标左键单击"格式|多线样式"，打开"多线样式"的对话框，如图 2-5 所示，系统默认当前多线样式：STANDARD。如果需要新建样式，可以单击左侧"新建"按钮，此

时会出来对话框新建多线样式，如图 2-6 所示，可以根据情况设置是否"封口"和"填充"。"图元"可以设置多线样式的元素特性，包括线条数目、偏移量、颜色和线型。通过"添加"按钮可以增加线的数目，偏移表示每条线之间的相对距离，颜色和线型表示可以设置当前线的颜色和线型（如果是画建筑图，不建议在此处设置颜色和线型，可以在图层里面设置）。

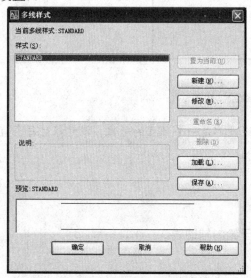

图 2-5　"多线样式"对话框

图 2-6　"新建多线样式"对话框

【命令调用】

下拉菜单：绘图|多线

命令行：在命令行提示下输入"Mline"（ML）后，按【Enter】键。

【操作指南】执行多线命令后，系统将提示："当前设置：对正＝上，比例＝20.00，STANDARD，指定起点或对正（J）/比例（S）/样式（ST）:"。当前设置不符合要求时，不能指定起点，需要根据情况输入括号内相应字符进行选择。其中各选项含义如下：

> **对正（J）**：表示控制图形位置的选择方式。选择对正，输入（J）后，系统将提示"输入对正类型[上（T）/无（Z）/下（B）]<下>:"。其中上（T）表示多线最上部的线随着光标移动绘图；无（Z）表示多线中心线随着光标移动绘图；下（B）表示多线最下部的线随着光标移动绘图。

> **比例（S）**：指所绘制多线的宽度相对于在多线样式定义宽度的比例因子，简单地说就是指在多线样式设置的宽度基础上所放大或者缩小的比例。

> **样式（ST）**：绘制多线设置的样式，默认为（STANDARD）型，用户也可以自己新建样式，在使用时须设置为当前样式才能使用。

2.3.2　多段线

【命令调用】

下拉菜单：绘图|多段线

工具栏：绘图|多段线按钮

命令行：在命令行提示下输入"Pline"（PL）后，按【Enter】键。

【操作指南】执行多段线命令后，系统将提示："指定起点"，确定起点，系统将提示："当前线宽为 0.0000，指定下一个点或 [圆弧（A）半宽（H）/长度（L）/放弃（U）/宽度（W）]"，此时如果不需要选择方括号内的选项，可以直接确定下一点；如果需要选择方括号内选项，则先不要指定下一点，而输入选项相应的字母，即可进行操作。其中各选项的含义如下：

➢ **圆弧（A）**：输入字母 A，将绘制圆弧多段线。输入 A 后，系统提示："指定圆弧的端点或[角度（A）/圆心（CE）/方向（D）/半宽（H）/直线（L）/半径（R）/第二个点（S）/放弃（U）/宽度（W0）]:"。此时可以制定圆弧端点，如果不指定圆弧端点，也可以选则方括号内合适的方式。

➢ **半宽（H）**：设置多短线的半宽。

➢ **长度（L）**：用于设置新多段线的长度。

➢ **放弃（U）**：用于取消刚画的一段多段线。

➢ **宽度（W）**：用于设置多段线的线宽，默认值是 0。

【操作实例】

题目：用多段线命令绘制箭头，如图 2-7 所示。

图 2-7　多段线画箭头

操作如下：

命令：_Pline　　　　　　　　　　　　//执行多段线命令

指定起点：

当前线宽为 0.0000

指定下一个点或[圆弧（A）/半宽（H）/长度（L）/放弃（U）/宽度（W）]：w

　　　　　　　　　　　　　　　　　//输入 W，改变线宽

指定起点宽度<0.0000>：20　　　　　//指定起点线宽 20

指定端点宽度<20.0000>：20　　　　　//指定端点线宽 20

指定下一个点或[圆弧（A）/半宽（H）/长度（L）/放弃（U）/宽度（W）]：80

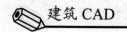

//确定多短线长度 80

指定下一点或[圆弧（A）/闭合（C）/半宽（H）/长度（L）/放弃（U）/宽度（W）]：w

//输入 W，改变线宽

指定起点宽度<20.0000>：40   //指定起点线宽 40

指定端点宽度<40.0000>：0   //指定起点线宽 0

指定下一点或[圆弧（A）/闭合（C）/半宽（H）/长度（L）/放弃（U）/宽度（W）]：50

//确定长度 50，按【Enter】键结束命令

2.4   绘制矩形和正多边形

2.4.1   矩形

【命令调用】

下拉菜单：绘图|矩形

工具栏：绘图|矩形按钮▱

命令行：在命令行提示下输入"Rectang"（REC）后，按【Enter】键。

【操作指南】 执行矩形（Rectang）命令以后，系统命令行将提示："指定第一个角点或[倒角（C）/标高（E）/圆角（F）/厚度（T）/宽度（W）]："，确定第一个角点后，系统继续提示："指定另一个角点或 [面积（A）/尺寸（D）/旋转（R）]："，确定另一个角点后，命令将结束。

2.4.2   正多边形

【命令调用】

下拉菜单：绘图|正多边形

工具栏：绘图|正多边形按钮⬠

命令行：在命令行提示下输入 Polygon（POL）后，按【Enter】键。

【操作指南】 执行正多边形 Polygon（POL）命令后，系统命令行将提示："输入边的数目<4>："，输入边的数目后，系统命令行继续提示："指定正多边形的中心点或[边（E）]："，指定正多边形中心点后，系统命令行继续提示："输入选项[内接于圆（I）/外切于圆（C）]<I>："。其中各选项的含义如下：

➢   **内接于圆（I）**：以中心点到多边形各边垂直距离为半径的方式确定的多边形。

> 内接于圆（I）：以中心点到多边形端点距离为半径的方式确定的多边形。

【操作实例】

题目：用正多边形命令绘制正六边形，如图 2-8 所示。

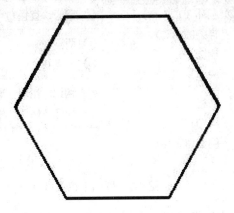

图 2-8　绘制正多边形

命令：_Polygon　　　　　　　　　　　　　　　//执行正多边形命令

输入边的数目<4>：6　　　　　　　　　　　//输入边的数目：6

指定正多边形的中心点或 [边（E）]：　　　　　//指定正多边形的中心点

输入选项 [内接于圆（I）/外切于圆（C）] <I>：I　　　//选择绘制正多边形的方式

指定圆的半径：<正交 开> 100

【提示】正多边形命令最少可以绘制正 3 边形，也就是正三角形，最多可以绘制正 1024
边形，基本接近圆了。用 Polygon（POL）绘制的正多边形是一个多段线，整个图形是一
个实体。

2.5　绘制圆和圆弧

2.5.1　圆

【命令调用】

下拉菜单：绘图|圆|圆心、半径；圆心、直径；两点；三点；相切、相切、半径；相
切、相切、相切

工具栏：绘图|圆按钮

命令行：在命令行提示下输入"Circle"（C）后，按【Enter】键。

【操作指南】在 AutoCAD 中，圆命令提供了 6 种操作方法，如图 2-9 所示。下面具体介绍 6 种操作方法的操作要点，如图 2-10 所示。

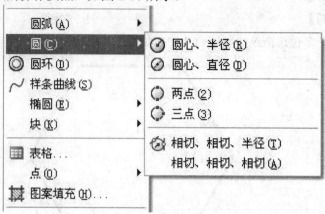

图 2-9　圆的下拉菜单

➢ **圆心半径：**用户先指定圆心坐标（位置），再确定半径大小就可以绘制一个圆。

➢ **圆心直径：**用户先指定圆心坐标（位置），再确定直径大小就可以绘制一个圆，与方法（1）类似。

➢ **两点（2P）：**用户指定一个点的坐标（位置），再确定另外一点的坐标（位置）就可以绘制一个圆，其实两点的连线就是该圆的直径。

➢ **三点（3P）：**用户只要根据要求确定三个点的坐标（位置）就可以绘制一个圆。

➢ **相切、相切、半径：**用户先确定与圆相切的两个切点的坐标（位置），再确定圆的半径就可以绘制一个圆。

➢ **相切、相切、相切：**用户只要确定与圆相切的三个切点的坐标（位置），就可以绘制一个圆。

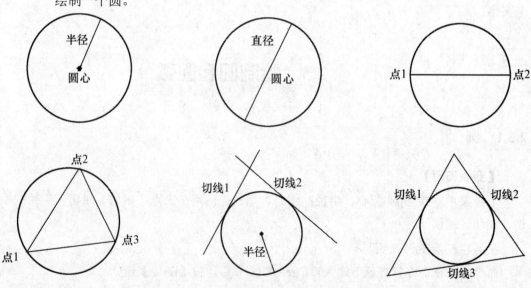

图 2-10　绘制圆的 6 种方法示意图

2.5.2　圆弧

【命令调用】

下拉菜单：绘图|圆弧|

工具栏：绘图|圆按钮

命令行：在命令行提示下输入"Arc"（A）后，按【Enter】键。

【操作指南】在 AutoCAD 中，圆弧命令提供了 10 种操作方法，可以从绘图菜单栏调用（如图 2-11 所示），而工具栏和命令行只能调用部分操作方法。

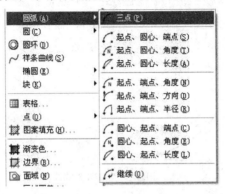

图 2-11　圆弧的下拉菜单

10 种操作方法是以起点、端点、圆心、半径、长度、角度、方向为参数的 10 种组合。下面介绍主要参数的含义：

> ➢ **起点、端点**：指圆弧的起点和端点。
> ➢ **圆心、角度**：指圆弧的圆心点和圆弧对应圆心角。
> ➢ **长度、方向**：指圆弧的弦长和圆弧的方向。

2.6　绘制椭圆和椭圆弧

2.6.1　椭圆

【命令调用】

下拉菜单：绘图|椭圆|

工具栏：绘图|椭圆按钮

命令行：在命令行提示下输入 Ellipse（EL）后，按【Enter】键。

【操作指南】在 AutoCAD 中，椭圆作为基本图形主要有中心点，轴、端点等基本要素组成。如图 2-12 所示。

图 2-12　椭圆的下拉菜单

下面具体介绍两种操作方法的操作要点，如图 2-13 所示。

（1）中心点：用户先指定椭圆中心点的坐标（位置），再确定端点的位置，其实就是椭圆其中一个半轴的长度，然后再指定另外一个半轴长度。

（2）轴、端点：指定椭圆其中一个轴长的端点，再指定该轴的另外一个端点；最后再指定另外一个轴长的端点，就可以确定该椭圆。

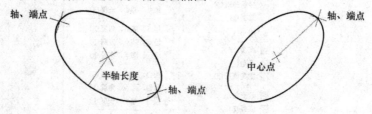

图 2-13　椭圆的画法

2.6.2　椭圆弧

【命令调用】

下拉菜单：绘图|椭圆|圆弧

工具栏：绘图|椭圆弧按钮

命令行：椭圆弧和椭圆在命令行输入的是同一个命令，因此在命令行提示下也是输入 Ellipse（El）后，按【Enter】键，然后输入字母"A"，选择绘制圆弧。

【操作指南】椭圆弧的绘制就是在画完椭圆以后，取该椭圆一部分作为椭圆弧。因此，绘制椭圆弧时，前面步骤和绘制椭圆完全一样（也有中心点、轴端点两种方法），最后只要确定椭圆弧的两个端点的位置就可以了。

2.7　绘制样条曲线和修订云线

2.7.1　样条曲线

【命令调用】

下拉菜单：绘图|样条曲线

工具栏：绘图|样条曲线按钮 〜

命令行：在命令行提示下 Spline（SPL），按【Enter】键。

【操作指南】执行样条曲线 Spline（SPL）命令后，系统命令行将提示："指定第一个点或 [对象（O）]："，确定要指定的点的位置后，系统命令行将提示："指定第一个点："，确定第二点后，系统命令行继续提示："指定下一点或 [闭合（C）/拟合公差（F）] <起点切向>："，继续指定下一点后，系统命令行继续提示："指定下一点或 [闭合（C）/拟合公差（F）] <起点切向>："，如果仍指定下一点，将会出现相同的提示；如果不指定下一点，此时可以输入 C 闭合，可以输入 F 拟合公差；当然，也可以直接按【Enter】键按照默认要求指定起点切向，再指定端点方向，结束命令。

2.7.2　修订云线

【命令调用】

下拉菜单：绘图|修订云线

工具栏：绘图|修订云线按钮 🗔

命令行：在命令行提示下 Revcloud，按【Enter】键。

【操作指南】执行修订云线 Revcloud 命令后，将会显示修订云线的样式，默认最小弧长：15，最大弧长：15，样式：普通；系统命令行将提示："指定起点或[弧长（A）/对象（O）/样式（S）] <对象>："，确定要指定的点的位置后，系统命令行将提示："沿云线路径引导十字光标…"，按【Enter】键后，系统命令行继续提示："反转方向[是（Y）/否（N）] <否>："，反转方向输入 Y，不反转方向输入 N，也可以直接敲击回车，修订云线完成。

2.8　填充图案和创建图块

2.8.1　填充图案

图案填充是指将图案或者颜色填满选定的图形区域，以表示该区域的特性。比如在建筑制图中，绘制剖视图或者断面图时，需要绘制填充的材料。

图案填充命令还包含了渐变色命令，渐变色命令主要是填充颜色的命令。这两种操作是同一个命令，虽然有不同的命令按钮，但可以同时切换操作。由于两者操作相似，本节主要介绍图案填充。

当进行图案填充时候，首先要定义填充的边界。定义边界的对象只能是直线、构造线、多段线、正多边形、圆、圆弧、椭圆、椭圆弧等。而且作为边界的对象在当前屏幕上必须全部可见。

构成图案区域的边界的实体必须在它们的端点处相交，否则会产生错误的填充。如图 2-14a 所示，图在左上角不封闭，在填充时会出现警告，如图 2-14b 所示。

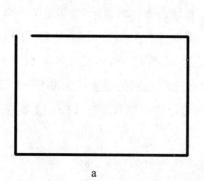

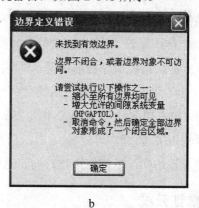

a

b

图 2-14　边界错误填充

【命令调用】

下拉菜单：绘图|图案填充

工具栏：绘图|图案填充按钮 ⬚

命令行：在命令行提示下输入"BHATCH"（BH）后，按【Enter】键。

【操作指南】 执行图案填充 BHATCH（BH）命令后，系统出现如图 2-15 所示的"图案填充和渐变色"对话框，该对话框包含了图案填充和渐变色，两者可以切换操作。

该对话框包含了类型和图案、角度和比例、图案填充原点、边界、选项等要素。这里指着重介绍图案、比例、边界。

➢ **图案：** 点击图案按钮，可以调出图案填充选项板，如图 2-16 所示，在这里可以选择用不同的图案样式。

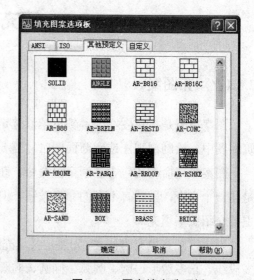

图 2-15　"图案填充和渐变色"对话框

图 2-16　图案填充选项板

➤ **比例：**由于绘制图形的尺寸大小不同，填充图案的密与稀也不同，这就要求设置填充的比例。至于比例大小要根据填充图形的尺寸和稀密，综合来考虑具体的比例值。比例值越小越密，比例值越大越稀。

➤ **边界：**指的是边界的选择方式，这里提供了拾取点和选择对象两种方式。选择对象就是把要填充封闭图形所有边界都选中，才能确定填充区域。拾取点是指用户在要填充的区域内任意确定一点，要填充图形必须是封闭区域，AutoCAD 会自动确定填充的边界。这种方式对于边界不方便选择时候，尤其适合使用。

2.8.2　创建图块

图块就是将多个单个实体组合成一个整体。将图形做成块，方便对图形的编辑和修改，另外将图形做成块保存，也方便下次使用。例如，在画建筑图时候要经常绘制门窗、桌椅、洁具等图形，如果将图形做成块保存起来，就可以下次使用直接插入图块就可以，不必再重新绘制。

1. 定义图块

定义图块包括创建内部图块和创建外部图块两种。创建内部图块也可以称作创建图块，

（1）创建外部图块

【命令调用】

下拉菜单：绘图|块（K）|创建块（M）

工具栏：绘图|创建块按钮

命令行：在命令行提示下输入"Block"（B）后，按【Enter】键。

【操作指南】执行上述命令后，系统将弹出"块定义"的对话框，如图 2-17 所示。该对话框包含了名称、基点、设置、对象、方式、说明等几个要素。

图 2-17　"块定义"对话框

> ➢ **名称：** 用于输入图块的名称。
>
> ➢ **基点：** 用于指定图块的插入基点。创建图块时的基点将成为后来插入图块时的插入点，同时也是图块被插入时旋转或缩放的基准点。因此，创建图块时基点的位置选择是十分重要的。
>
> ➢ **对象：** 该选择项用来选择创建块的图形对象。选择对象可以在屏幕上指定，也可以通过拾取点选择。
>
> ➢ **方式：** 该选项可以设置组成块的对象显示方式。

【**提示**】使用 Block 命令定义的图块只能在当前定义图块的图形中使用，而不能在其他图形中使用，因此被称作内部块。若想多次使用图块，就要使用下面介绍的创建外部图块。

（2）创建外部图块

创建外部图块命令也被称作外部块，或者写块。

【**命令调用**】

命令行：在命令行提示下输入"WBlock"（W）后，按【Enter】键。

【**操作指南**】执行上述命令后，系统将弹出"写块"的对话框，如图 2-18 所示。

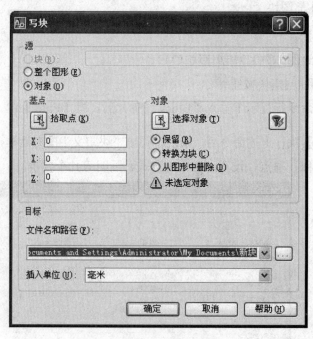

图 2-18　"写块"对话框

该对话框包含了源、基点、对象、目标等几个要素，这里主要介绍以下几个：

> ➢ **源：** 用于定义写入外部块的源实体。包含块、整个图形、对象三个选择方式。

> **基点**：用于指定图块的插入基点。和创建内部块作用是一样的。
> **对象**：该选择项用于指定组成外部块的实体，以及生成块后源实体是保留、消除或是转换成图块。该选择项只对源实体为对象时有效。
> **目标**：该选择项用于指定外部块文件的文件名、保存位置以及采用单位制式。

【提示】使用 WBlock 命令定义的外部块其实就是一个 dwg 图形文件。该文件只要不删除，可以多次插入图块使用，其他的外部 dwg 图形文件也可以作为外部块插入到其他图形文件中。

2. 插入图块

创建块的目的就是为了使用块，方便绘图提高效率。插入块命令就是与之配合使用，可以将预先定义好的图块插入到需要的图形中。

【命令调用】
下拉菜单：插入|块|
工具栏：绘图|插入块按钮
命令行：在命令行提示下输入"Insert"（I）后，按【Enter】键。

【操作指南】执行上述命令后，系统将弹出"插入"的对话框，如图 2-19 所示。该对话框包含了名称、插入点、比例、旋转、块单位等几个要素。

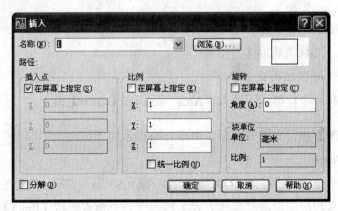

图 2-19 "插入"对话框

> **名称**：指定要插入的图块或图形文件的名称，用户可以在下拉列表框中选择欲插入的内部块或者单击"浏览"选择外部块。
> **插入点**：用来指定插入图形插入点的位置。
> **比例**：用来指定插入图块的参照缩放比例。
> **旋转**：用于确定图块插入时的旋转角度。

2.9 查询图形属性

2.9.1 查询距离

在 AutoCAD 中提供了查询线段长度的命令。

【命令调用】

下拉菜单：工具|查询|距离

工具栏：查询|距离按钮

命令行：在命令行提示下输入 "Dist"（Di）后，按【Enter】键。

【操作指南】 执行上述命令后，命令行将提示如下：

命令：_Dist 指定第一点：　　　　　　　　//拾取需要查询距离图形的一个端点

指定第二点：　　　　　　　　　　　　//拾取需要查询距离图形的另一个端点

按【Enter】键，将显示查询距离的信息.

2.9.2 查询面积

查询面积命令可以查询封闭二维图形的周长和面积，绘制建筑图时可以用该命令查询房间面积。

【命令调用】

下拉菜单：工具|查询|面积

工具栏：查询|区域按钮

命令行：在命令行提示下输入 "Area" 后，按【Enter】键。

【操作指南】 执行上述命令后，命令行将提示如下：

命令:：_Area

指定第一个角点或 [对象（O）/加（A）/减（S）]：　//可以指定图形第一个角点

（或者输入相应字母选择其他方式）指定下一个角点或按【Enter】键全选：

　　　　　　　　　　　　　　　　　　　　　//可以指定图形第二个角点

指定下一个角点或按【Enter】键全选：　　　　//可以指定图形第三个角点

指定下一个角点或按【Enter】键全选：　　　　//可以指定图形第四个角点

直到指定完所有的角点，按【Enter】键，将显示查询面积和周长的信息。

本章小结

本章主要介绍了点、直线和构造线、多线和多段线、正矩形和正多边形、圆和圆弧、椭圆和椭圆弧、样条曲线和修订云线、填充图案和创建图块等命令。通过本章学习，读者应该掌握各种图形的画法、图案的填充方法以及如何创建图块。在学习本章时，应注意两点：

（1）AutoCAD 绘图都是通过命令来实现的，实现方式有三种：①在命令行（信息提示区）直接输入命令，敲击回车来实现命令的调用；②在菜单栏选中命令；③在工具栏中鼠标左键单击命令按钮。这三种方式基本是相同作用。

（2）在操作命令时，初学者一定要注意命令行（信息提示区）的信息提示。在执行命令后，命令行都会提示下一步的操作，有时候会要求操作者选择对象或者输入一些选择要求，才能进行下步操作。很多学生不注意命令行信息提示。

本章练习

运用本章介绍的命令方法，完成以下图形。

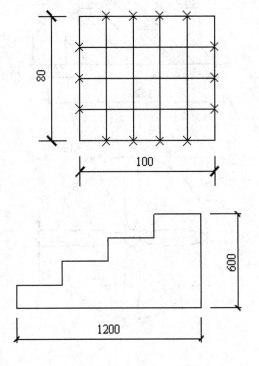

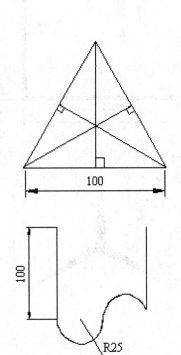

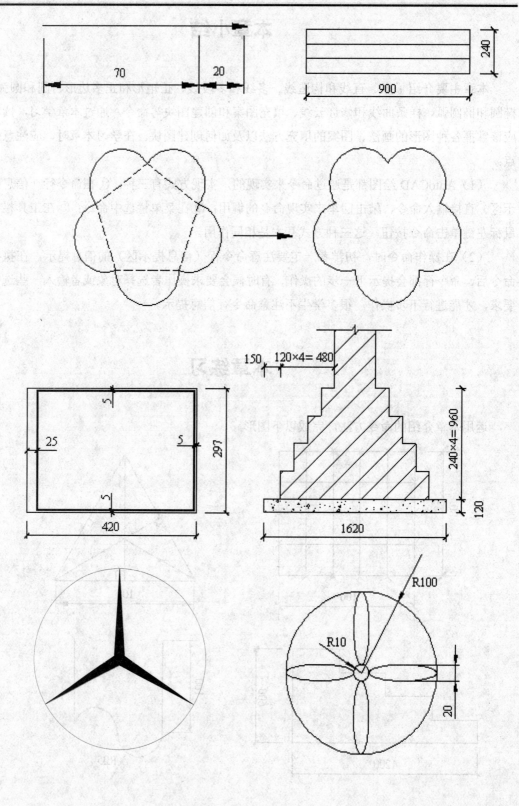

第3章 AutoCAD 基本编辑命令

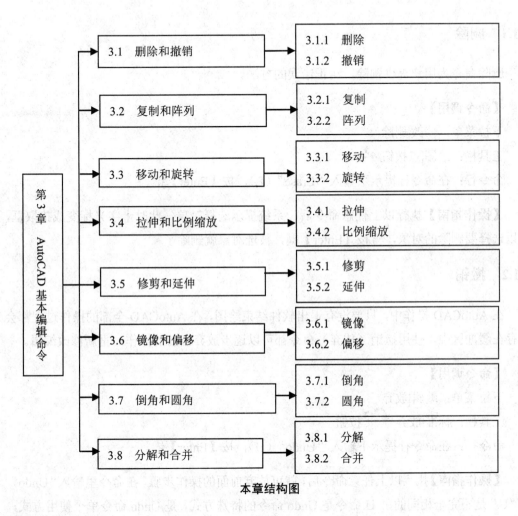

第3章 AutoCAD 基本编辑命令

3.1 删除和撤销	3.1.1 删除
	3.1.2 撤销
3.2 复制和阵列	3.2.1 复制
	3.2.2 阵列
3.3 移动和旋转	3.3.1 移动
	3.3.2 旋转
3.4 拉伸和比例缩放	3.4.1 拉伸
	3.4.2 比例缩放
3.5 修剪和延伸	3.5.1 修剪
	3.5.2 延伸
3.6 镜像和偏移	3.6.1 镜像
	3.6.2 偏移
3.7 倒角和圆角	3.7.1 倒角
	3.7.2 圆角
3.8 分解和合并	3.8.1 分解
	3.8.2 合并

本章结构图

【本章导读】

在利用 AutoCAD 绘制较为复杂的图形时，通常都需要使用基本的编辑命令。本章将主要介绍 AutoCAD 的 16 个编辑修改的常用命令，包括删除和撤销、复制和阵列、移动和旋转、拉伸和比例缩放、修剪和延伸、镜像和偏移、倒角和圆角以及分解和合并等。

【本章学习目标】

➤ 掌握删除和撤销、复制和阵列、移动和旋转、拉伸和比例缩放、修剪和延伸、镜

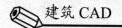

像和偏移、倒角和圆角以及分解和合并等命令的操作方法。

➤ 掌握合理的使用这些命令完成图形的绘制。

3.1 删除和撤销

3.1.1 删除

删除命令为用户提供删除，纠正错误的方法。

【命令调用】

下拉菜单：修改|删除

工具栏：绘图|点按钮

命令行：在命令行提示下输入"Erase"（E），按【Enter】键。

【操作指南】执行以上任意命令后，系统提示选择对象，此时十字光标变成拾取框，可以选择要删除的对象，再按【Enter】键，被选对象就删除了。

3.1.2 撤销

在 AutoCAD 操作中，只要没有退出软件结束绘图，在 AutoCAD 全部的操作过程都会储存在缓冲区中，使用撤销（放弃）命令都可以逐步放弃当前的操作，重新修改编辑。

【命令调用】

下拉菜单：编辑|放弃

工具栏：标准|放弃 按钮

命令行：在命令行提示下输入"Undo"（U），按【Enter】键。

【操作指南】执行以上任意命令后，就可放弃前面的操作步骤。在命令里输入"Undo"和"U"是不完全相同的，U 命令是 Undo 命令的特殊方式，是 Undo 命令单个使用方式，即向前恢复一个命令；而 Undo 命令可以根据不同情况设置不同操作方法。

3.2 复制和阵列

3.2.1 复制

【命令调用】

下拉菜单：修改|复制

工具栏：修改|复制按钮

命令行：在命令行提示下输入"Copy"（CO）后，按【Enter】键。

【操作指南】执行以上任意命令后，系统提示"选择对象"，对象选中后，按【Enter】键；系统将继续提示"当前设置：复制模式＝多个指定基点或 [位移（D）/模式（O）] <位移>"，指定基点；指定基点后系统继续提示"指定第二个点或 [退出（E）/放弃（U）] <退出>:"，按【Enter】键结束命令。

3.2.2　阵列

【命令调用】

下拉菜单：修改|阵列

工具栏：修改|阵列按钮

命令行：在命令行提示下输入"Array"（AR）后，按【Enter】键。

【操作指南】执行阵列命令后，系统将打开"阵列"对话框，如图 3-1 所示。阵列分为环形阵列和矩形阵列两种，下面详细介绍两种阵列的特点。

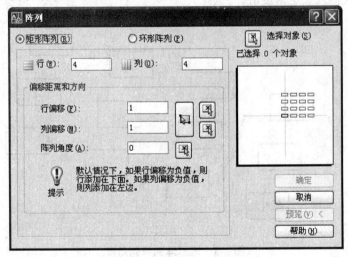

图 3-1　"阵列"对话框

1. 矩形阵列

启动阵列命令后，出现"阵列"对话框，AutoCAD 默认为矩形阵列，对话框显示包含行列、行偏移和列偏移、阵列角度、选择对象等选项，具体意义如下：

> **行和列**：用来输入阵列的行数和列数，其中源对象包含在行列内，如图 3-2 所示，为 3 行 4 列。

> **行偏移和列偏移**：行偏移和列偏移表示某图形上点到相邻图形对应位置上点的间距，切记而不是净距，如图 3-2 所示。除了可以输入行列间距外，还可以单击"拾

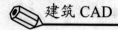

取行偏移和列偏移"按钮。行间距和列间距有正、负之分。行间距为正值时，阵列后的图形在源对象图像的上方；行间距为负值时，阵列图像向下。列间距为正值时，阵列后的图形在源对象图像的右方，列间距为负值时，阵列图像向左。

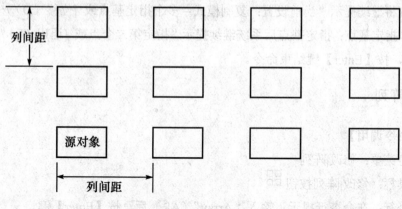

图 3-2   矩形阵列示意图

➢ **阵列角度**：如果这列后的效果要求有一定的角度，如图 3-3 所示，就需要在阵列的时候输入一定角度值。

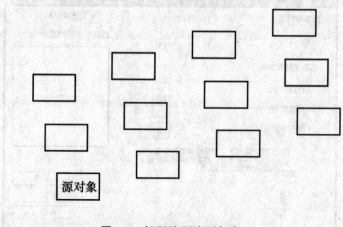

图 3-3   矩形阵列阵列角度

➢ **选择对象**：该按钮用于选择要阵列的源对象。点击该按钮，暂时退出"矩形阵列"对话框。返回到绘图区，此时十字光标变成拾取框，可以选择要阵列的对象。如果对象没有选择完毕，则可以继续选择，直至选择完毕，按【Enter】键即可结束命令。

2. 环形阵列

环形阵列是指以圆心为中心点沿着圆周均匀布置的阵列形式。调用阵列命令后，出现阵列对话框如图 3-4 所示，系统默认是矩形阵列，可以点击环形阵列切换阵列方式。

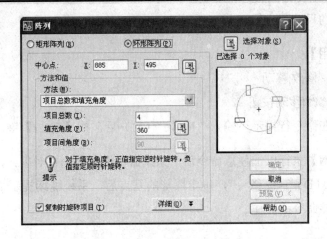

图 3-4　"环形阵列"对话框

环形阵列对话框主要包含：中心点、方法和值、复制时旋转项目、选择对象等选项，具体含义如下：

（1）中心点。该选项用于指定阵列中心点。如果中心点的坐标是已知的话，可以直接输入中心点坐标值。也可以单击按钮直接指定中心点。

（2）方法和值。

➢ **方法**：指的是环形阵列的方法，主要包含：项目总数和填充角度、项目总数和项目间的角度、填充角度和项目间角度。

➢ **b 值**：主要包括：项目总数、填充角度、项目间角度。项目总数是指阵列后需要复制的总数。填充角度指的是通过定义阵列中第一个和最后一个元素的基点之间的包含角度来设置阵列大小。

（3）复制时旋转项目。该选项用于确定阵列时候是否需要旋转对象。如果选中，表示阵列后每个实体的方向都朝向中心点；如果不选，表示平移复制，阵列后每个实体图形均保持原有实体图形的方向。

（4）选择对象。该按钮用于选择要阵列的源对象。点击该按钮，则暂时退出"环形阵列"对话框。返回到绘图区，此时十字光标变成拾取框，可以选择要阵列的对象。如果对象没有选择完毕，则可以继续选择，直至选择完毕，按【Enter】键即可结束命令。

3.3　移动和旋转

3.31　移动

移动命令用于将对象从某一个坐标点位置移动到另外一个坐标点位置，在移动过程中并不改变对象的尺寸和方位。

【命令调用】

下拉菜单：修改|移动

工具栏：修改|移动按钮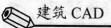

命令行：在命令行提示下输入"Move"（M）后，按【Enter】键。

【操作指南】执行以上任意命令后，系统命令提示"选择对象："，系统继续提示"指定基点或[位移（D）]<位移>："，确定图形的基点后，系统继续提示"位移点："，输入移动距离，完成该命令的操作。

3.3.2 旋转

【命令调用】

下拉菜单：修改|旋转

工具栏：修改|旋转按钮

命令行：在命令行提示下输入"Rotate"（RO）后，按【Enter】键。

【操作指南】执行以上任意命令后，系统命令提示"选择对象："，系统继续提示"指定基点："，确定基点后，系统将继续提示"指定旋转角度，或[复制（C）/参照（R）]<0>："，最后按【Enter】键结束命令。

其中，"指定旋转角度，或[复制（C）/参照（R）]<0>："是提示用户指定旋转的角度，或者输入"C"在旋转的同时复制源对象，或者输入"R"选择参照方式确定旋转角度。

3.4　拉伸和比例缩放

3.4.1 拉伸

【命令调用】

下拉菜单：修改|拉伸

工具栏：修改|拉伸按钮

命令行：在命令行提示下输入 Stretch（S）后，按【Enter】键。

【操作指南】执行以上任意命令后，系统命令提示"以交叉窗口或交叉多边形选择要拉伸的对象…"，系统继续提示"选择对象："，选择完对象，敲击回车确定选择结束，系统将继续提示"指定基点或 [位移（D）] <位移>："，选择并确定基点，继续将继续提示"指

定第二个点或 <使用第一个点作为位移>:"。

3.4.2　比例缩放

比例缩放命令用于以基点为参照点放大或者缩小源对象图形的尺寸。要注意和窗口缩放的区别，窗口缩放只是在窗口内显示放大缩小，而不改变实体的尺寸值。

【命令调用】

下拉菜单：修改|比例缩放

工具栏：修改|比例缩放按钮

命令行：在命令行提示下输入 Scale（SC）后，按【Enter】键。

【操作指南】执行以上任意命令后，系统命令提示"选择对象:"，系统继续提示"指定基点:"，确定基点后，系统将继续提示"指定比例因子，或[复制（C）/参照（R）]<1.000>:"，最后按【Enter】键结束命令。

其中，"指定比例因子，或[复制（C）/参照（R）]<0>:"是提示用户输入比例因子，如果比例因子大于 1，实体将被放大，小于 1，实体将被缩小；或者输入"C"在缩放的同时复制源对象，或者输入"R"，选择参照方式放大或缩小源对象。

3.5　修剪和延伸

3.5.1　修剪

【命令调用】

下拉菜单：修改|修剪

工具栏：修改|修剪按钮

命令行：在命令行提示下输入"Trim"（TR）后，按【Enter】键。

【操作指南】执行以上任意命令后，系统命令提示"当前设置：投影=UCS，边=无选择剪切边…"，系统继续提示"选择对象或<全部选择>:"，选择对象指的是选择修剪的边界，选择完毕后敲击回车确认；系统接着提示"选择要修剪的对象，或按住【Shift】键选择要延伸的对象，或[栏选（F）/窗交（C）/投影（P）/边（E）/删除（R）/放弃（U）]:"，按【Enter】键结束命令。

【操作实例】使用修剪命令将图 3-5a 所示圆中的直线修剪掉。

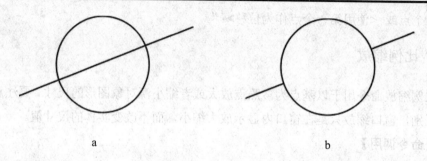

a   b

图 3-5   利用修剪命令绘图

操作如下：

命令：_Trim

当前设置：投影＝UCS，边＝无

选择剪切边…

选择对象或 <全部选择>：找到 1 个   //选择圆周作为边界对象

选择对象：

选择要修剪的对象，或按住【Shift 】键选择要延伸的对象，或

[栏选（F）/窗交（C）/投影（P）/边（E）/删除（R）/放弃（U）]：

选择要修剪的对象，或按住【Shift】键选择要延伸的对象，或[栏选（F）/窗交（C）/投影（P）/边（E）/删除（R）/放弃（U）]：

                          //选择圆中直线作为修剪对象

3.5.2   延伸

【命令调用】

下拉菜单：修改|延伸

工具栏：修改|延伸按钮

命令行：在命令行提示下输入"Extend"（EX）后，按【Enter】键。

【操作指南】执行以上任意命令后，系统命令提示"当前设置：投影＝UCS，边＝无 选择边界的边…，选择对象或<全部选择>："，选择边界对象后，系统命令行继续提示"选择对象"。如果边界对象选择完毕，可以按【Enter】键确认；系统命令行继续提示"选择要延伸的对象，或按住【Shift】键选择要修剪的对象，或[栏选（F）/窗交（C）/投影（P）/边（E）/放弃（U）]："，按【Enter】键结束命令。

【操作实例】使用延伸命令将图 3-6a 所示水平直线延伸至竖直直线。

a   b

图 3-6　利用延伸命令绘图

操作命令如下：

命令：_Extend

当前设置:投影＝UCS，边＝无

选择边界的边…

选择对象或 <全部选择>：找到 1 个

选择对象：

选择要延伸的对象，或按住【Shift】 键选择要修剪的对象，或

[栏选（F）/窗交（C）/投影（P）/边（E）/放弃（U）]：

选择要延伸的对象，或按住【Shift 】键选择要修剪的对象，或

[栏选（F）/窗交（C）/投影（P）/边（E）/放弃（U）]：

3.6　镜像和偏移

3.6.1　镜像

【命令调用】

下拉菜单：修改|镜像

工具栏：修改|镜像按钮

命令行：在命令行提示下输入"Mirror"（MI）后，按【Enter】键。

　　【操作指南】执行以上任意命令后，系统命令提示"选择对象"，可以采用目标选择选中对象；当选择好对象后，系统再次提示"选择对象"，可以按【Enter】键结束对象选择；系统接着提示"指定镜像线的第一点："，指定第一点后；系统继续提示"指定镜像线第二点："，指定第二点后，系统继续再提示"要删除源对象吗？[是（Y）/否（N）]<N>："，按【Enter】键结束操作。

"要删除源对象吗？[是（Y）/否（N）]<N>:"的含义：提示用户镜像后是否删除源对象。输入"Y"是删除源对象，输入"N"是不删除源对象。镜像后图形和源对象完全对称的，镜像线相当于对称轴。镜像命令除了可以镜像图形还可以镜像文本。

【操作实例】以竖直线为对称轴，利用镜像命令将图 3-7a 中的样条曲线镜像到另一侧，画成一个花瓶。

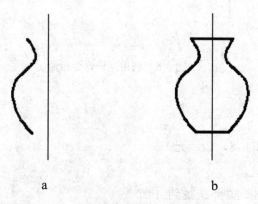

a   b

图 3-7　利用镜像命令绘制花瓶

操作如下：

命令：Mirror（MI）

选择对象：找到 1 个　　　　　　　　　　　//鼠标单击

选择对象：　　　　　　　　　　　　　　　//敲回车，结束对象

指定镜像线的第一点：指定镜像线的第二点：　//选择镜像线的两个端点

要删除源对象吗？[是（Y）/否（N）] <N>:

　　　　　　　　　　　　　　　　//输入"N"，按【Enter】键，不删除源对象

3.6.2　偏移

【命令调用】

下拉菜单：修改|偏移

工具栏：修改|偏移按钮

命令行：在命令行提示下输入"Offset"（O）后，按【Enter】键。

【操作指南】执行以上任意命令后，系统命令提示"当前设置：删除源＝否 图层＝源 OFFSETGAPTYE＝0"，继续提示"指定偏移距离或[通过（T）/删除（E）/图层（L）]<T>:"，输入偏移交流后，系统提示"选择要偏移的对象，或[退出（E）/放弃（U）]<退出>:"，选择对象后，系统再提示："指定要偏移的那一侧上的点，或[退出（E）/多个（M）/放弃（U）]<退出>:"，按空格键结束命令。

【操作实例】使用镜像命令将图 3-8a 中的椭圆偏移同中心点等间距的椭圆。

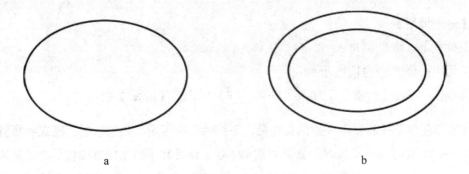

a   b

图 3-8　利用偏移命令绘制同心椭圆

操作如下：

命令：_offset　　　　　　　　　　　　　　　　　　　//调用命令

当前设置：删除源＝否　　图层＝源　OFFSETGAPTYPE＝0

指定偏移距离或[通过（T）/删除（E）/图层（L）]<通过>：20　　//输入偏移距离 20

选择要偏移的对象，或 [退出（E）/放弃（U）] <退出>：　　　　　//选择偏移对象

指定要偏移的那一侧上的点，或[退出（E）/多个（M）/放弃（U）] <退出>：

　　　　　　　　　　　　　　　　　　　　　　　　//指定在那侧偏移

选择要偏移的对象，或[退出（E）/放弃（U）] <退出>：　　　//按【Enter】键结束命令

3.7　倒角和圆角

3.7.1　倒角

【命令调用】

下拉菜单：修改|倒角

工具栏：修改|倒角按钮

命令行：在命令行提示下输入 Chamfer 后，按【Enter】键。

【操作指南】　执行以上任意命令后，系统命令提示（"修剪"模式）当前倒角距离
10.0000，距离 2＝0.0000，此时可以设置倒角距离，设置完毕后系统继续提示"选择第一
条直线或[放弃（U）/多段线（P）/距离（D）/角度（A）/修剪（T）/方式（E）/多个（M）]："，
选择后，系统将继续提示"选择第二条直线，或按住【Shift】键选择要应用角点的直线："，
最后按【Enter】键结束命令。

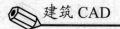

3.7.2　圆角

【命令调用】

下拉菜单：修改|圆角

工具栏：修改|圆角按钮

命令行：在命令行提示下输入"Fillet"（F）后，按【Enter】键。

【操作指南】执行以上任意的命令后，系统命令会提示"当前设置：模式＝修剪，半径＝0.0000"，此时可以设置是否修剪和圆角半径，设置完毕后系统继续提示"选择第一个对象或 [放弃（U）/多段线（P）/半径（R）/修剪（T）/多个（M）]:"，选择后，系统将继续提示"选择第二个对象，或按住【Shift】键选择要应用角点的对象:"，最后按【Enter】键结束命令。

3.8　分解和合并

3.8.1　分解

分解命令用于当源对象是一个整体，需要对对象中某个实体编辑，需要先将源对象整个实体分解成单个实体，才可以操作。

【命令调用】

下拉菜单：修改|分解

工具栏：修改|分解按钮

命令行：在命令行提示下输入"Explode"后，按【Enter】键。

【操作指南】执行分解命令后，系统提示选择对象，用目标选择方式中的任意一种方式选择对象，最后按【Enter】键结束命令。

3.8.2　合并

执行合并命令后，可以将多个相似对象合并为一个整体。可以合并的对象包括直线、多段线、圆弧、椭圆弧、样条曲线等，但是要合并的对象必须是相似对象，且位于相同平面上，以及其他附加条件。

【命令调用】

下拉菜单：修改|合并

工具栏：修改|合并按钮

命令行：在命令行提示下输入 Join 后，按【Enter】键。

【操作指南】执行合并命令后，系统提示"选择源对象："，选择完后，系统提示"选择要合并到源的直线："，选择完毕，按【Enter】键结束命令。

本章小结

本章主要介绍了 AutoCAD 的删除和撤销、复制和阵列、移动和旋转、拉伸和比例缩放、修剪和延伸、镜像和偏移、倒角和圆角以及分解和合并等 16 个编辑修改的常用命令。通过本章的学习，读者应该掌握这些命令的操作方法，并能合理地使用这些命令完成图形的绘制。学习本章的内容时，应注意以下两点：

（1）灵活运用这些命令的操作方法，在绘制图形选择命令时要灵活多变，而不是一成不变地只能使用某个命令。

（2）要能够理解该命令的作用和意义，使枯燥的命令和灵活的操作融为一体。

本章练习

运用本章介绍的命令方法，完成以下图形。

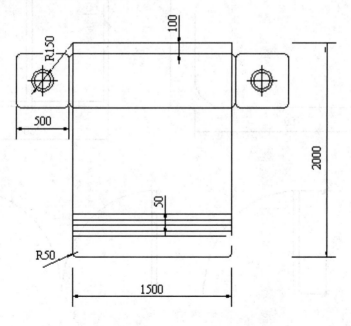

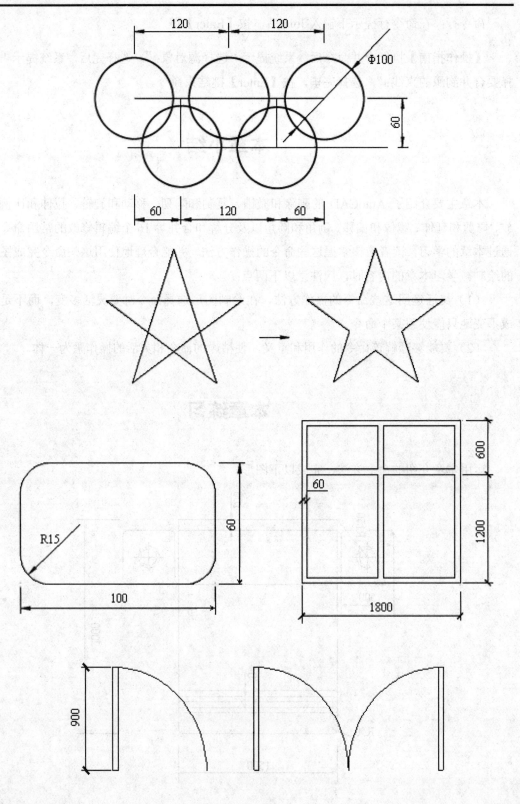

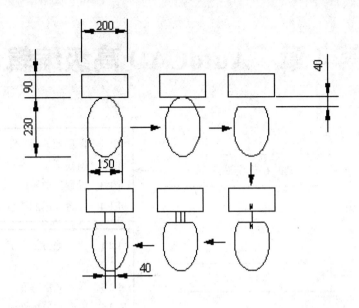

第4章　AutoCAD 高级编辑命令

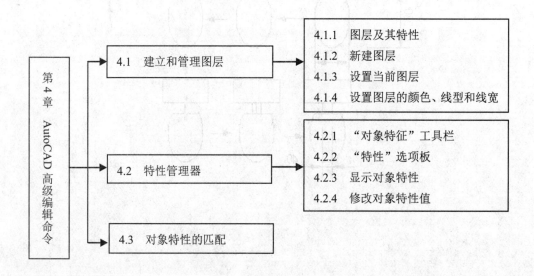

本章结构图

【本章导读】

在 AutoCAD 中，简单绘制出二维图形可能不能完全满足用户需求，有些地方需要进行特殊的修改或者美化。本章将主要介绍建立和管理图层、特性管理器和对象特性的匹配。

【本章学习目标】

➢ 了解图层及其特性，掌握如何新建图层、设置图层。
➢ 掌握特性管理器的内容。
➢ 了解如何匹配对象特性。

4.1　建立和管理图层

4.1.1　图层及其特性

图层是 AutoCAD 用来组织、管理图形对象的一种有效工具，在绘图工作中发挥着重要的作用。图层相当于图纸绘图中使用的重叠图纸，每一张图纸像是一张透明的薄膜（也可以理解为玻璃），每一张可以单独绘图和编辑，设置不同的特性而不影响其他的图纸，重在一起又成为一幅完整的图形。

家具图层

门窗图层

墙线图层

图 4-1　图层示意图

"图层特性管理器"对话框可以完成许多图层管理工作，如创建及删除图层、设置当前图层、设置图层的特性及控制图层的状态，还可以通过创建过滤器，将图层按名称或特性进行排序，也可以手动将图层组织为图层组，然后控制整个图层组的可见性。启动"图层特性管理器"对话框的方法有：

下拉菜单：格式|图层

工具栏："图层"按钮（如图 4-2 所示）

命令行：layer。

图层特性管理器　　　图层列表框　　　　将对象的图层置为当前　　上个图层

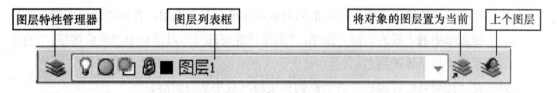

图 4-2　"图层"工具栏

执行上述命令后，屏幕弹出如图 4-3 所示"图层特性管理器"对话框。在该对话框中有两个显示窗格：左边为树状图，用来显示图形中图层和过滤器的层次结构列表；右边为列表图，显示图层和图层过滤器及其特性和说明。

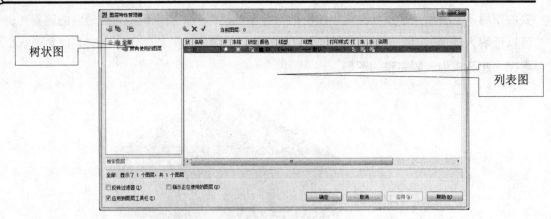

图 4-3 "图层特性管理器"对话框

4.1.2 新建图层

单击"图层特性管理器"对话框中的 按钮，在列表图中 0 图层的下面会显示一个新图层。在"名称"栏填写新图层的名称，填好名称后回车或在列表图区的空白处单击即可。如果对图层名不满意，还可以重新命名，方法有：

➤ 单击该图层，图层会亮显。然后再单击"名称"栏中的图层名，使之处于编辑状态并重新填写图层名。

➤ 单击该图层，图层会亮显。此时，使用【F2】键也可以对图层名进行修改。

4.1.3 设置当前图层

所有的 AutoCAD 绘图工具只能在当前层进行。当需要画墙体时，必须先将"墙体"图层设为当前图层。设置当前图层的方法如下：

➤ 在"图层特性管理器"对话框的列表图区单击某一图层，再单击鼠标右键选择快捷菜单中的"置为当前"选项，"图层特性管理器"对话框中"当前图层:"的显示框中显示该图层名。

➤ 在"图层特性管理器"对话框的列表图区双击某一图层。

➤ 在绘图区域选择某一图形对象，然后单击"图层"工具栏的 按钮，系统则会将该图形对象所在的图层设为当前图层。

➤ 单击"图层"工具栏中图层列表框的 按钮，选择列表中一图层单击将其置为当前图层。

4.1.4 设置图层的颜色、线型和线宽

在 AutoCAD 中，可以设置各图层对象的名称、颜色、线性、线宽、打印样式等特性，

以满足用户不同的绘图需要。

1. 设置图层颜色

颜色在图形中具有非常重要的作用，可用来表示不同的组件、功能和区域。图层的颜色实际上是图层中图形对象的颜色。每个图层都拥有自己的颜色，对不同的图层可以设置相同的颜色，也可以设置不同的颜色，绘制复杂图形时就可以很容易区分图形的各部分。设置图层颜色的方法是：单击图层的"颜色"列对应的图标，打开"选择颜色"对话框，如图 4-4 所示，选择一种颜色，然后单击"确定"按钮即可。

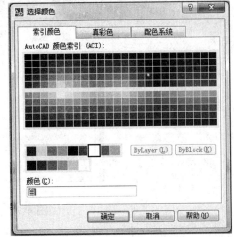

图 4-4　"选择颜色"对话框

2. 设置图层线型

AutoCAD 默认情况下，新建图层的线型是"Continuous"，但是在绘图时，由于所绘图形对象不同，其线型也不尽相同。设置图层线型特性的具体操作步骤如下：

（1）单击中间列表框中"线型"栏下图标，弹出"选择线型"对话框，如图 4-5 所示。

（2）"选择线型"对话框的列表框中列出了当前已加载的线型，若列表框中没有所需线型，单击"加载"按钮会跳出"加载或重载线型"对话框，如 4-6 所示。

（3）在该对话框中选择所需线型，然后单击"确定"按钮完成加载。返回"选择线型"对话框，在中间的列表框中选择上一步加载的所需线型，单击"确定"按钮即可。

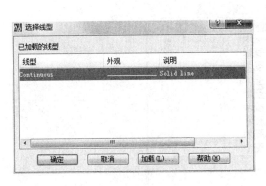

图 4-5　"选择线型"对话框

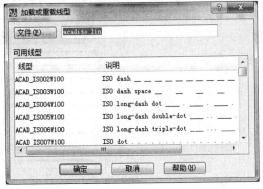

图 4-6　"加载或重载线型"对话框

在绘制虚线或点划线时，有时会遇到所绘线型显示成实线的情况。这是因为线型的显示比例因子设置不合理所致。可以使用如图 4-7 所示的"线型管理器"对话框对其进行调整。调用"线型管理器"对话框的方法有：

下拉菜单：格式|线型

命令行：_Linetype。

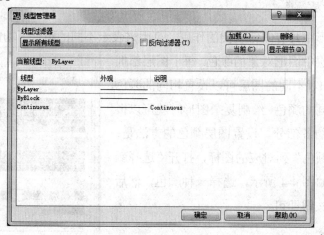

图 4-7　"线型管理器"对话框

3. 设置图层线宽

在 AutoCAD 中，线宽是指定给图形对象和某些类型的文字的宽度值。使用不同宽度的线条表现对象的大小或类型，可以提高图形的表达能力和可读性。设置图层线宽特性的具体操作如下：

（1）单击中间列表框中"线宽"栏下"默认"图标，会跳出"选择线宽"对话框，如图 4-8 所示。

（2）在该列表中选择需要的线宽，然后单击"确定"按钮即可。

图 4-8　"线型管理器"对话框

4. 设置图层线型比例

通过全局更改或单个更改每个对象的线型比例因子，可以以不同的比例使用同一个线型，默认情况下，全局线型和单个线型比例为 1∶0。对于太短，甚至不能显示一个虚线小段的线段，可以使用更小的线型比例。

在 AutoCAD 中，线型管理器对话框中的具体参数如下：

- ➢ **加载**：打开"图层特性管理器"对话框，从中可以将选定的线型加载到图形并将它们添加到线型列表。
- ➢ **当前**：将选定线型设置为当前线型。
- ➢ **删除**：从图形中删除选定的线型。
- ➢ **显示细节/隐藏细节**：控制是否显示线型管理器的"详细信息"部分。
- ➢ **当前线型**：显示当前线型的名称。
- ➢ **全局比例因子**：显示用于所有线型的全局缩放比例因子。
- ➢ **当前对象缩放比例**：设置新建对象的线型比例。生成的比例是全局比例因子与该对象的比例因子的乘积。

5. 图层的打开和关闭、冻结和解冻、锁定和解锁

在"图层特性管理器"对话框的列表图区，有"打开"、"冻结"、"锁定"三栏项目，它们可以控制图层在屏幕上能否显示、编辑、修改与打印。

（1）图层的打开和关闭

该项可以打开和关闭选定的图层。当图标为 ♀ 时，说明图层被打开，它是可见的，并且可以打印；当图标为 ♀ 时，说明图层被关闭，它是不可见的，并且不能打印。打开和关闭图层的方法如下：

- ➢ 在"图层特性管理器"列表图区，单击 ♀ 或 ♀ 按钮。
- ➢ 在"图层"工具栏的图层下拉列表中，单击 ♀ 或 ♀ 按钮

（2）图层的冻结和解冻

该项可以冻结和解冻选定的图层。当图标为 ❄ 时，说明图层被冻结，图层不可见，不能重生成，并且不能进行打印；当图标为 ○ 时，说明被冻结的图层解冻，图层可见，可以重生成，也可以进行打印。

由于冻结的图层不参与图形的重生成，可以节约图形的生成时间，提高计算机的运行速度。因此，对于绘制较大的图形，暂时冻结不需要的图层是十分必要的。冻结和解冻图层的方法如下：

- ➢ 在"图层特性管理器"列表图区，单击 ❄ 或 ○ 按钮。
- ➢ 在"图层"工具栏的图层下拉列表中，单击 ❄ 或 ○ 按钮。

（3）图层的锁定与解锁

该项可以锁定和解锁选定的图层。当图标为 🔒时，说明图层被锁定，图层可见，但图层上的对象不能被编辑和修改。当图标为 🔓时，说明被锁定的图层解锁，图层可见，图层上的对象可以被选择、编辑和修改。锁定和解锁图层的方法如下：

➤ 在"图层特性管理器"列表图区，单击 🔒或 🔓按钮。

➤ 在"图层"工具栏的图层下拉列表中，单击 🔒或 🔓按钮。

4.2　特性管理器

4.2.1　"对象特征"工具栏

利用"对象特征"工具栏，可以快捷地对当前图层上的图形对象的颜色、线型、线宽、打印样式进行设置或修改。

在"对象特征"工具栏的四个列表框中，通常采用随层（Bylayer）控制选项。也就是说，在某一图层绘制图形对象时，图形对象的特性采用该图层设置的特性。利用"对象特性"工具栏可以随时改变当前图形对象的特性，而不使用当前图层的特性。

4.2.2　"特性"选项板

所有的图形、文字和尺寸，都称为对象。对象的特性包括这些对象所具有的图层、颜色、线型、线宽、坐标值、大小等属性。用户可以通过"特性"选项板（如图 4-9 所示）来显示选定对象或对象集的特性并修改任何可以更改的特性。

图 4-9　"特性"对话框

启动"特性"选项板的方法：

下拉菜单：修改|特性

工具栏按钮：

命令行：_Properties

快捷菜单：用鼠标右键单击所选中的对象，在弹出的快捷键菜单中选择"特性"选项或双击图形对象。

4.2.3　显示对象特性

首先在绘图区域选择对象，然后使用上述方法启动"特性"选项板。如果选择的是单个对象，则"特性"选项板显示的内容为所选对象的特性信息，包括基本、几何图形或文字等内容；如果选择的是多个对象，在"特性"选项板上方的下拉列表中显示所选对象的个数和对象类型，选择需要显示的对象，这时"特性"选项板中显示的才是该对象的特性信息；如果，同时选择多个相同类型的对象，如选择了两个圆，则"特性"选项板中的几何图形信息栏显示为"*多种*"。

在"特性"选项板的右上角还有三个功能按钮，它们分别具有下述功能：

➢ 按钮：用来切换 PICKADD 系统变量的值。当按钮图形为 时，只能选择一个对象；当按钮图形为 时，可以选择多个对象。两个按钮图形可以通过单击鼠标进行切换。

➢ 按钮：用来选择对象。单击该按钮，"特性"选项板暂时消失，选择需要的对象，单击鼠标右键，按【Enter】键或空格键结束选择，返回"特性"选项板，在选项板中显示所选对象的特性信息。

➢ 按钮：用来快速选择对象。单击该按钮，弹出如图 4-10 所示的"快速选择"对话框。用户可以通过该对话框在指定范围内，按给定条件快速筛选符合条件的对象。

另外，为了节省"特性"选项板所占空间，便于用户绘图，可以对其进行移动、大小、关闭、允许固定、自动隐藏、说明等操作。这一点与"信息选项板"的设计风格相同。

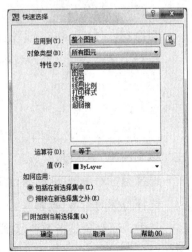

图 4-10　"快速选择"对话框

4.2.4　修改对象特性值

利用"特性"选项板还可以修改选定对象或对象集的任何可以更改的特性值。当选项板显示所选对象的特性时，可以使用标题栏旁边的滚动条在特性列表中滚动查看，然后单击某一类别信息，在其右侧可能会出现不同的显示，如下拉箭头 ▼ 、可编辑的编辑框、按钮 ⋯ 或按钮 ✕ 。修改其特性值可以使用下列方法之一：

> ➢ 单击的下拉箭头 ▼ ，从列表中选择一个值。
> ➢ 直接输入新值并按【Enter】键。
> ➢ 单击 ⋯ 按钮，并在对话框中修改特性值。
> ➢ 单击 ✕ 按钮，使用定点设备修改坐标值。

在完成上述任何操作的同时，修改将立即生效，用户会发现绘图区域的对象随之发生变化。如果要放弃刚刚进行的修改，在"特性"选项板的空白区域单击鼠标右键，在弹出的菜单上选择"放弃"选项即可。

4.3　对象特性的匹配

在 AutoCAD 中，将一个对象的某些或所有特性复制到其他对象上就叫做对象特性的匹配。可以进行复制的特性类型包括（但不仅限于）：颜色、图层、线型、线型比例、线宽、打印样式等。用户在修改对象特性时，就不必逐一修改，可以借用已有对象的特性，使用"特性匹配"命令将其全部或部分特性复制到指定对象上。

启动"特性匹配"命令的方法有：

下拉菜单：修改|特性匹配

工具栏：按钮 ✏

命令行：_Matchprop 或 _painter。

执行上述命令后，命令行提示：

命令：_Matchprop　　　　　　　　　　//执行特性匹配命令

选择源对象：　　　　　　　　　　　　//选择源对象

当前活动设置：颜色　图层　线型　线型比例　线宽　厚度　打印样式　文字　标注　填充图案　多线段　视口　表　　//显示当前选定的特性匹配设置

选择目标对象或[设置（s）]：　　　　//选择目标对象

选择目标对象或[设置（s）]；//继续选择目标对象或输入"s"调用特性设置对话框

其中，源对象是指需要复制其特性的对象；目标对象是指要将源对象的特性复制到其上的对象；"特性设置"对话框是用来控制要将哪些对象特性复制到目标对象，哪些特性不复制。在系统默认情况下，AutoCAD 将选择"特性设置"对话框中的所有对象特性进行复制。如果用户不想全部复制，可以在命令行提示"选择目标对象或[设置（s）]："时，输入"s"按【Enter】键，或单击鼠标右键，选择快捷菜单的"设置"选项，调用如图 4-11 所示"特性设置"对话框来选择需要复制的对象特性。

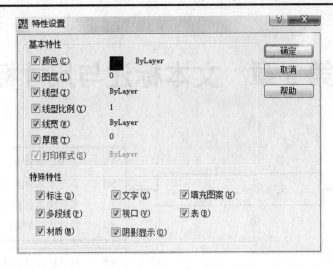

图 4-11　"快速选择"对话框

在该对话框的"基本特性"选区和"特殊特性"选取中勾选需要复制的特性选项，然后单击"确定"按钮即可。

本章小结

本章主要介绍了建立和管理图层、特性管理器和对象特性的匹配。通过本章学习，读者应该了解图层及其特性；掌握如何新建图层、设置图层；掌握特性管理器的内容；了解如何匹配对象特性。

本章练习

根据下面表格要求，尝试建立图层。

名称	颜色	线型	线宽
轴线	红色	Center	默认
墙体	黑色	Continuous	0.5mm
门	黄色	Continuous	默认
窗	青色	Continuous	默认
楼梯	蓝色	Continuous	默认
标注	绿色	Continuous	默认
文字	洋红	Continuous	默认

第5章 文本标注与尺寸标注

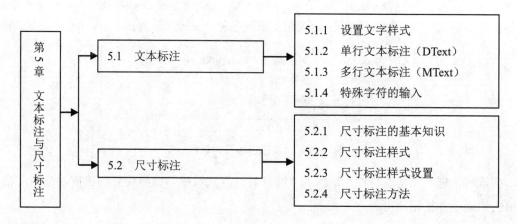

本章结构图

【本章导读】

在 AutoCAD 中，通常绘制完一张图纸后，需要在图纸上进行简单说明，让用户对图纸了解得更加透彻，其中，可以通过添加文字表达如图纸技术要求、标题栏信息和标签等内容。尺寸标注是向图纸中添加的测量注释，它是完整的设计图纸中不可缺少的部分。尺寸标注可以精确地反映图形对象各部分的大小及相关信息等，可根据尺寸标注指导施工。本章将主要介绍文本标注和尺寸标注。

【本章学习目标】

➢ 掌握设置文字样式、单行文本标注、多行文本标注和特殊字符的输入。

➢ 了解尺寸标注的基本知识和标注样式。

➢ 掌握尺寸标注样式的设置。

➢ 掌握尺寸标注的方法。

5.1 文本标注

在一幅完整的工程施工图中，为了清楚表达设计者的总体思想和意图，除了利用前面介绍的基本绘图命令和编辑命令来绘制图形外,还需要标注一定的文字说明,例如施工图中的有关说明等,用它们来反映图形中的一些非图形信息,使施工图中不易表达的内容变得更加准确和容易理解。在进行文本标注之前,需要设置适合图形标注的文字样式。文本标注样式包括字体、字号、倾斜角度、方向等多种文字特征,图形中的所有文字都具有与之相关联的文字样式。在输入文字时,程序将使用当前文字样式。在创建文字样式后,可以修改其特征、修改其名称,或在不再需要时将其删除。

5.1.1 设置文字样式

在 AutoCAD 中,所有文字都有与之相关联的文字样式。在创建文字注释时,通常使用当前的文字样式,也可以根据具体要求重新设置文字样式或创建新的样式,从而方便、快捷地对图形进行标注。文字样式主要包括文字的字体、高度、宽度因子、倾斜角度、颠倒、反向、垂直等参数。"文字样式"对话框如图 5-1 所示。

1. 启动

方法一:执行"格式"→"文字样式"命令。

方法二:单击"文字"工具栏中的"文字样式"按钮 。

方法三:在命令行中直接输入"style"命令,并按【Enter】建。

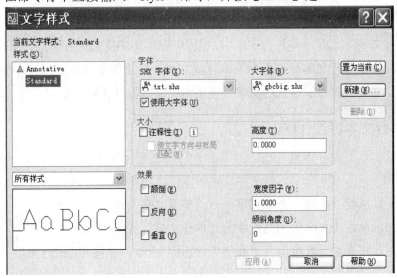

图 5-1 "文字样式"对话框

2. 操作指南

"文字样式"对话框中常用选项的含义如下:

➢ **"样式"列表框**:该列表框中列出了所有或当前正在使用的文字样式,默认文字样式为 Standard。在"样式"列表框中右击文字样式名称,可从弹出的快捷菜单中选择"置为当前""重命名"和"删除"命令。但无法对默认的 Standard 样式进行重命名或删除。

➤ **"字体"选项组**：该选项组用于设置文字使用的字体，该选项包含了 Windows 系统中所有的字体文件，供用户选择使用。在使用汉字字体时，需将"使用大字体"前面的"√"去掉。

➤ **"大小"选项组**：该选项用于设置字体的字高，如果将文字高度设为 0，在使用 text 命令标注文字时，命令将显示"指定高度"提示，要求指定文字高度，如果输入了文字高度，系统将按此高度进行标注文字。

➤ **"效果"选项组**：用于设置字体的颠倒、反向、垂直、宽度因子和倾斜角度等显示效果。"颠倒"复选框用于确定是否将文本文字旋转 180°；"反向"复选框用于确定是否将文字以镜像方式标注；"垂直"复选框用于控制文本是水平标注还是垂直标注。"宽度因子"用于扩大或压缩字符，输入小于 1.0 的值将压缩文字，输入大于 1.0 的值将扩大文字；"倾斜角度"用于设置文字的倾斜角度，角度为正值时向右倾斜，角度为负值时向左倾斜。

➤ **"新建"按钮**：单击该按钮将打开"新建文字样式"对话框，在"样式名"文本框中输入新建文字样式的名称，单击"确定"按钮可以创建新的文字样式。

➤ **"删除"按钮**：单击该按钮可以删除某个已有的文字样式，但是无法删除已经使用的文字样式和默认的 Standard 样式。

设置完文字样式后，单击"应用"按钮即可应用文字样式进行标注。AutoCAD 提供了单行文本标注和多行文本标注两种文本标注方式。对于简单文字，可使用单行文本标注；对于较长文字或带有内部格式的文字，使用多行文本标注比较合适。

5.1.2 单行文本标注（DText）

1. 启动

方法一：执行"绘图"→"文字"→"单行文字"。

方法二：单击"文字"工具栏中的"单行文字"按钮 AI 。

方法三：在命令行直接输入"dtext"（或 dt）命令，并按【Enter】键。

2. 操作指南

执行命令后，命令行出现以下提示：

命令：_Dtext

当前文字样式："Standard"文字高度：2.5000　注释性：否

指定文字的起点或[对正（J）/样式（S）]：

其中，"指定文字的起点"选项是默认选项，用于指定单行文字行基线的起点位置，

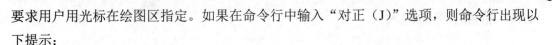

要求用户用光标在绘图区指定。如果在命令行中输入"对正（J）"选项，则命令行出现以下提示：

[对齐（A）/调整（F）/中心（C）/中间（M）/右（R）/左上（TL）/中上（TC）/右上（TR）/左中（ML）/正中（MC）/右中（MR）/左下（BL）/中下（BC）/右下（BR）]

设置完成后即可进行文字标注，用 dtext 命令标注文本，可以进行换行，即执行一次命令可以连续标注多行，但每换一行或用光标重新定义一个起始位置时，再输入的文本便被作为另一实体。

5.1.3　多行文本标注（MText）

1. 启动

方法一：执行"绘图"→"文字"→"多行文字"。

方法二：单击"文字"工具栏中的"多行文字"按钮 **A**。

方法三：在命令行直接输入"mtext"（或 mt）命令，并按【Enter】键。

2. 操作指南

执行命令后，命令行出现以下提示：

命令：_Mtext

当前文字样式："Standard"文字高度：2.5 注释性：否

指定第一角点：（确定一点作为标注文本框的第一个角点）

指定对角点或[高度（H）/对正（J）/行距（L）/旋转（R）/样式（S）/宽度（W）/栏（C）]：（在适当位置给出另一点作为文本框的对角点）

给出文本框对角点后，系统自动弹出"文字格式"编辑器，如图 5-2 所示。"文字格式"编辑器的文本编辑窗口就是指定的文本框，窗口左下方和右上方各有一对箭头 ◀▷，通过拉动箭头来改变文本框的长度。在文本编辑窗口输入所需要的文字后，单击"文字格式"编辑器中的"确定"按钮即可输入注释文字。

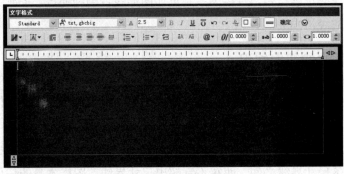

图 5-2　"文字格式"编辑器

5.1.4 特殊字符的输入

在绘制建筑工程施工图中，经常需要标注一些特殊字符，比如钢筋的直径符号 $\emptyset$ ，表示标高的±等，这些特殊的字符不方便直接从键盘上输入。AutoCAD 提供了一些简捷的控制码，通过直接输入控制码，可以直接输入特殊字符。

AutoCAD 提供的控制码，由两个百分号（%%）和一个字母组成。输入这些控制码，敲击回车键后，控制码就变成了相应的特殊字符。控制码所在的文本如果被定义成TrueType 字体，则无法显示相应的特殊字符，只能出现一些乱码或问号，因此在使用控制码时要将字体样式设置为非 TrueType 字体。

常用控制码及其相应的特殊字符见表 5-1 所示。

表 5-1　常用控制码及其相应的特殊字符

特殊字符	输入形式	功能说明
°	%%D	标注"度"符号
±	%%P	标注"正负号"
$\emptyset$	%%C	标注"直径"符号
%	%%%	标注"百分比"符号
—	%%O	文字上划线开关
—	%%U	文字下划线开关

5.2　尺寸标注

图形只能反映设计对象的形状和位置关系，而图形的真实大小和准确位置需要用尺寸来注明，因此，尺寸是工程图纸中不可缺少的重要部分。尺寸标注是图形设计的一个重要环节，尺寸标注的正确与否，直接关系到设计图形能否顺利通过，同时错误的尺寸标注有可能带来严重的经济损失。

5.2.1　尺寸标注的基本知识

尺寸标注在工程图形中经常用到，标注类型和外观上叶形式多样，但一个完整的尺寸标注由尺寸线、尺寸界线、尺寸起止符号和尺寸文字 4 部分组成，如图 5-3 所示。

（1）尺寸线。这用于表示尺寸标注的范围，用细实线绘制，尺寸线应与被标注长度平行，位于两条尺寸界线之间，两端不宜超出尺寸界线。图样本身的任何图线均不得用作尺寸线。

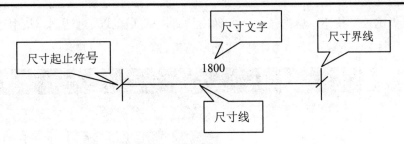

图 5-3 尺寸标注的组成

（2）尺寸界线。用于表示尺寸线的开始和结束，通常出现在被标注对象的两端，一般情况下与尺寸线垂直。有时也可以选用某些图形的轮廓线或中心线代替尺寸界线。

（3）尺寸起止符号。它在尺寸线的两端，用于标记尺寸标注的起始和终止位置。AutoCAD 提供了多种形式的尺寸起止符号，包括建筑标记、实心闭合箭头、点和倾斜标记等。可根据绘图需要选择不同的形式。

（4）尺寸文字。它用于表示被标注的图形对象的尺寸值。

5.2.2 尺寸标注样式

1. 启动

方法一：执行"格式"→"标注样式"命令。

方法二：单击"样式"工具栏中的"标注样式"按钮 ![按钮] 。

方法三：在命令行直接输入"dimstyle"命令，并按【Enter】键。

2. 操作指南

执行"标注样式"命令后，弹出如图 5-4 所示的"标注样式管理器"对话框，从中可以创建或使用已有的尺寸标注样式。在创建新的尺寸标注样式时，需要设置尺寸标注样式的名称，并选择相应的属性。

下面就"标注样式管理器"对话框中的部分选项进行说明。

> **"样式"列表框**：该列表用于显示图形中已经创建的所有标注样式名称。当前选中的样式会在中间的"预览"区显示标注样式的名称和外观。在"样式"列表框中右击样式名称，可从弹出的快捷菜单中选择"置为当前""重命名"和"删除"命令。但无法对当前样式或当前图形使用的样式进行删除。

> **"置为当前"**：用于将"样式"列表框中选中的标注样式设置为当前标注样式。

> **"修改"按钮**：单击该按钮，弹出修改当前标注样式对话框，从中可以修改当前标注的样式。

> **"替代"按钮**：单击该按钮，弹出替代当前标注样式对话框，从中可以设置标注样式的临时替代。

> ➢ **"比较"按钮**：单击该按钮，弹出"比较标注样式"对话框，从中可以比较两种标注样式或列出一个标注样式的所有特性。

图 5-4　"标注样式管理器"对话框

3. 创建尺寸样式的操作步骤

创建尺寸样式的操作步骤如下：

（1）执行"格式"→"标注样式"命令，弹出 "标注样式管理器"对话框。

（2）点击"新建"按钮，弹出"创建新标注样式"对话框。

（3）在"新样式名"文本框中输入新的样式名，如"施工图标注"；在"基础样式"下拉列表中选择新标注样式是基于哪一种标注样式创建的，如 ISO-25；在"用于"下拉列表中选择标注的应用范围，如"线性标注""角度标注""半径标注""直径标注""坐标标注""引线和公差"等，如图 5-5 所示。

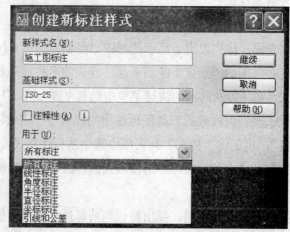

图 5-5　"创建新标注样式"对话框

（4）单击"继续"按钮，弹出"新建标注样式：施工图标注"对话框，如图 5-6 所示。该对话框共涉及 7 个选项卡，具体设置见尺寸标注样式设置。

图 5-6　"新建标注样式：施工图标注"对话框

（5）点击"确定"按钮，即可建立新的标注样式，其名称显示在"标注样式管理器"对话框的"样式"列表框中，在"预览"区同时显示，如图 5-7 所示。

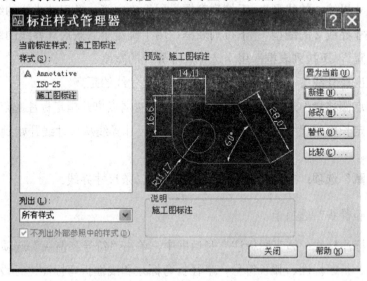

图 5-7　"标注样式管理器"对话框

（6）在"样式"列表框中选中新创建的标注样式，单击"置为当前"按钮，即可将该样式设置为当前使用的标注样式。

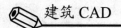

（7）单击"关闭"按钮，返回绘图窗口。

5.2.3 尺寸标注样式设置

1. "线"选项卡

在"新建标注样式：施工图标注"对话框中，单击"线"选项卡，可对尺寸线和尺寸界线的几何参数进行设置，具体个选项卡的含义如下。

（1）尺寸线

➤ **"颜色"下拉列表框**：用于选择尺寸线的颜色。

➤ **"线型" 下拉列表框**：用于选择尺寸线的线型。

➤ **"线宽" 下拉列表框**：用于选择尺寸线的宽度。

➤ **"超出标记"选项**：指当箭头使用倾斜、建筑标记和无标记时尺寸线超出尺寸界线的距离。只有当箭头选择为倾斜或建筑标记时，该选项才能被激活，否则将呈灰色而不能修改。

➤ **"基线间距"选项**：用于设置平行尺寸线间的距离。

➤ **"隐藏"选项**：控制是否隐藏第一条、第二条尺寸线及相应的尺寸箭头。

（2）尺寸界线

➤ **"颜色"下拉列表框**：用于选择尺寸界线的颜色。

➤ **"尺寸界线1的线型" 下拉列表框**：用于确定第一条尺寸界线的线型。

➤ **"尺寸界线2的线型" 下拉列表框**：用于确定第二条尺寸界线的线型。

➤ **"线宽" 下拉列表框**：用于选择尺寸界线的宽度。

➤ **"超出尺寸线"**：用于控制尺寸界线超出尺寸线的距离。

➤ **"起点偏移量"选项**：设置标注尺寸界线的端点离开指定标注起点的距离。

➤ **"固定长度的尺寸界线"选项**：用于指定尺寸界线从尺寸线开始到标注原点的总长度。

➤ **"隐藏"选项**：控制是否隐藏第一条、第二条尺寸界线。

2. "符号和箭头"选项卡

在"新建标注样式：施工图标注"对话框中，单击"符号和箭头"选项卡，可以对箭头、圆心标记、折断标注、弧长符号、半径折弯标注和线性折弯标注进行设置，如图 5-8 所示。

（1）"箭头"选项

➤ **"第一个"下拉列表框**：用于设置尺寸线一侧的箭头形式。下拉列表框中提供了各种箭头形式，可根据工程绘图需要选择不同的箭头形式。

> ➤ **"第二个"下拉列表框**：用于设置尺寸线另一侧的箭头形式。当改变第一个箭头形式时，第二个箭头将自动改变。

> ➤ **"引线"下拉列表框**：用于设置引线标注时的箭头形式。

> ➤ **"箭头大小"**：设置箭头的大小。

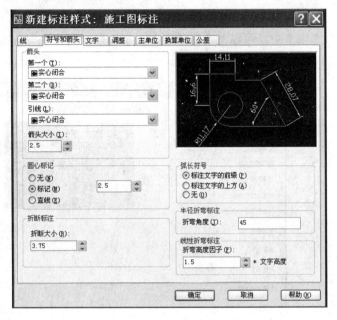

图 5-8　"符号和箭头"选项卡

（2）"圆心标记"选项

> ➤ **"无"按钮**：既不产生中心标记，也不采用中心线。

> ➤ **"标记"按钮**：中心标记为一个记号。

> ➤ **"直线"按钮**：中心标记采用中心线的形式。

> ➤ **"大小"按钮**：用于设置圆心标记或中心线的大小。

（3）"折断标注"选项

"折断大小"按钮：用于指定折断标注的间隔大小。

（4）"弧长符号"选项

> ➤ **"标注文字的前缀"按钮**：将弧长符号放在标注文字的前面。

> ➤ **"标注文字的上方"按钮**：将弧长符号放在标注文字的上面。

> ➤ **"无"按钮**：不显示弧长符号。

（5）"半径折弯标注"选项

用于控制折弯半径标注的显示。在"折弯角度"文字框中可以输入连接半径标注的尺寸界线和尺寸线的横向直线角度。

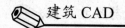

（6）"线性折弯标注"选项

用于控制折弯半径标注的显示。折弯半径标注通常在圆或圆弧的中心点位于页面外部时创建。"折弯高度因子"用于控制线性折弯标注的折弯符号的比例因子。

3. "文字"选项卡

在"文字"选项卡中，可以对文字外观、文字位置以及文字对齐方式进行设置，如图5-9所示。

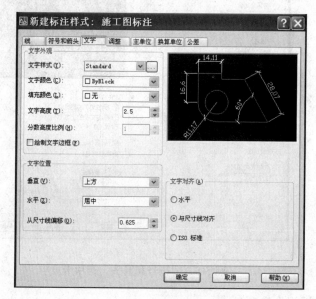

图 5-9 "文字"选项卡

（1）"文字外观"选项

➤ **"文字样式"下拉列表框**：用于选择标注文字所使用的文字样式。如果需要重新创建文字样式，点击"文字样式"右侧的 ▭ 按钮，弹出"文字样式"对话框，可设置新的文字样式。

➤ **"文字颜色"下拉列表框**：用于设置标注文字的颜色。

➤ **"填充颜色" 下拉列表框**：用于设置标注文字背景的颜色。

➤ **"文字高度"**：用于设置文字的高度。

➤ **"分数高度比例"**：用于指定分数形式的字符与其他字符之间的比例。只有在选择支持分数的标注格式时，才能进行设置。

➤ **"绘制文字边框"**：给标注文字添加一个矩形边框。

（2）"文字位置"选项

在"垂直"下拉列表框中包含了"居中""上方""外部"和"JIS"四个选项，用来控制标注文字相对于尺寸线的垂直位置。

➤ **"居中"选项**：将标注文字放在尺寸线的两部分之间。

➤ **"上方"选项**：将标注文字放在尺寸线的上方。

➤ **"外部" 选项**：将标注文字放在尺寸线上离标注对象较远的一边。

➤ **"JIS"选项**：按照日本工业标准标注文字。

在"水平"下拉列表框中包含五个选项，用于控制标注文字相对于尺寸线和尺寸界线的水平位置。

➤ **"居中"选项**：将标注文字沿尺寸线放在两条尺寸界线的中间。

➤ **"第一条尺寸界线"选项**：沿尺寸线与第一条尺寸界线左对正。

➤ **"第二条尺寸界线"选项**：沿尺寸线与第二条尺寸界线右对正。

➤ **"第一条尺寸界线上方"选项**：将标注文字放在第一条尺寸界线之上。

➤ **"第二条尺寸界线上方"选项**：将标注文字放在第二条尺寸界线之上。

➤ **"从尺寸线偏移"选项**：用于设置当前标注文字与尺寸线之间的距离。

（3）"文字对齐"选项

➤ **"水平"按钮**：将标注文字水平放置。

➤ **"与尺寸线对齐"按钮**：用于设置标注文字与尺寸线对齐。

➤ **"ISO"按钮**：当文字在尺寸线以内时，文字与尺寸线对齐；当文字在尺寸界线以外时，文字水平排列。

4．"调整"选项卡

在"调整"选项卡中，可以对标注文字、箭头、尺寸界线的位置关系进行设置，如图5-10 所示。

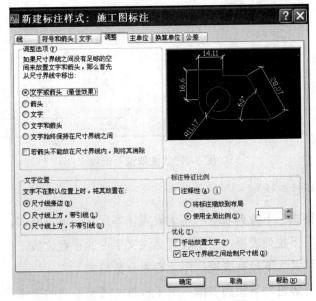

图 5-10　"调整"选项卡

- ➢ **"调整选项"选项**：控制尺寸界线之间可用空间的文字和箭头的位置。
- ➢ **"文字位置"选项**：用于设置标注文字不在默认位置时的放置位置。
- ➢ **"标注特征比例"选项**："注释性"按钮，控制将尺寸标注设置为注释性内容；"将标注缩放到布局"按钮，选择该按钮时，可确定图纸空间内的尺寸比例系数；"使用全局比例"按钮：用于设置所有尺寸标注样式的总体尺寸比例系数。
- ➢ **"优化"选项**："手动设置文字"按钮，选择该按钮后，CAD 将忽略任何水平方向的标注设置，允许手工设置尺寸文本的标注位置；"在尺寸界线之间控制尺寸线"按钮，选择该按钮后，当两尺寸界线距离很近，不能放下尺寸文本而放在尺寸界线之外时，CAD 将自动在两尺寸界线之间绘制一条直线把尺寸线连通。

5. "主单位"选项卡

在"主单位"选项卡中，可对标注"单位格式""精度"，标注文字的"前缀""后缀"等进行设置，如图 5-11 所示。

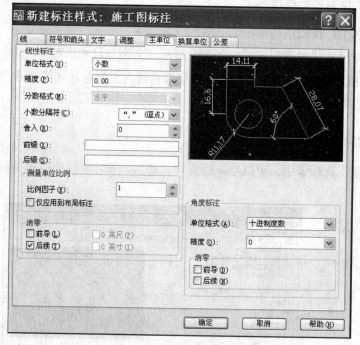

图 5-11 "主单位"选项卡

（1）"线性标注"选项

- ➢ **"单位格式"下拉列表框**：用于设置基本尺寸的单位格式。
- ➢ **"精度"下拉列表框**：用于设置标注文字中的小数位数。
- ➢ **"分数格式"下拉列表框**：用于设置分数格式
- ➢ **"小数分隔符"下拉列表框**：用于设置十进制格式的分隔符。

> ➤ **"舍入"按钮**：用于设置尺寸数字的舍入值。

> ➤ **"前缀"文本框**：用于为标注文字指示前缀。

> ➤ **"后缀"文本框**：用于为标注文字指示后缀。

（2）"测量单位比例"选项

> ➤ **"比例因子"按钮**：用于设置控制线性尺寸的比例系数。

> ➤ **"仅应用到布局标注"按钮**：选择该按钮时，仅对在布局中创建的标注应用线性
> 比例值。

（3）"角度标注"选项

用于设置角度型尺寸的单位格式和精度。

除以上 5 个选项卡外，还有"换算单位"选项卡和"公差"选项卡，如图 5-12 和图
5-13 所示，对该两个选项卡，本教材不做介绍，如需要请参考其他教材。

图 5-12　"换算单位"选项卡　　　　　　　　图 5-13　"公差"选项卡

5.2.4　尺寸标注方法

1. 线性标注

（1）启动

方法一：执行"标注"→"线性"命令。

方法二：单击"标注"工具栏中的"线性"按钮 [□]。

方法三：在命令行直接输入"dimlinear"命令，并按【Enter】键。

（2）操作指南

执行命令后，命令行提示如下：

指定第一条尺寸界线原点或<选择对象>：（选取一点作为第一条尺寸界线的起始点）

指定第二条尺寸界线原点：（选取另一点作为第二条尺寸界线的起始点）

指定尺寸线位置或[多行文字（M）/文字（T）/角度（A）/水平（H）/垂直（V）/旋转（R）]：（选择一点以确定尺寸线的位置或选择某个选项）

各个选项的具体含义如下：

➢ **多行文字（M）**：通过多行文字编辑器输入特殊的尺寸标注。

➢ **文字（T）**：通过命令输入尺寸文本。

➢ **角度（A）**：用于指定标注尺寸数字的旋转角度。

➢ **水平（H）**：标注水平尺寸。

➢ **垂直（V）**：标注垂直尺寸。

➢ **旋转（R）**：确定尺寸线的旋转角度。

通过移动光标指定尺寸线的位置，可以标注水平尺寸或垂直尺寸，系统将标注自动测定的尺寸数字。

2. 对齐标注

（1）启动

方法一：执行"标注"→"对齐"命令。

方法二：单击"标注"工具栏中的"线性"按钮。

方法三：在命令行直接输入"dimaligned"命令，并按【Enter】键。

（2）操作指南

执行命令后，命令行提示如下：

指定第一条尺寸界线原点或<选择对象>：（选取一点作为第一条尺寸界线的起始点）

指定第二条尺寸界线原点：（选取另一点作为第二条尺寸界线的起始点）

指定尺寸线位置或[多行文字（M）/文字（T）/角度（A）]：（选择一点以确定尺寸线的位置或选择某个选项）

各个选项的含义同上。通过移动光标指定尺寸线的位置，系统将自动标注测定的尺寸数字。

3. 连续标注

（1）启动

方法一：执行"标注"→"连续"命令。

方法二：单击"标注"工具栏中的"连续"按钮。

方法三：在命令行直接输入"dimcontinue"命令，并按【Enter】键。

（2）操作指南

在进行连续标注之前，必须先标出一个尺寸作为基准标注，以确定连续标注所需要的前一个尺寸标注的尺寸界线。然后执行命令后，命令行提示如下：

指定第二条尺寸界线原点或[放弃（U）/选择（S）]<选择>：（用光标选择第二条尺寸界线的原点）

标注文字＝数字

指定第二条尺寸界线原点或[放弃（U）/选择（S）]<选择>：（用光标选择下一条尺寸界线的原点）

标注文字＝数字

重复上述命令将完成连续标注，按【Esc】键或【Enter】键退出。

【例 5-1】利用连续标注，标注图 5-14 所示图形的尺寸。

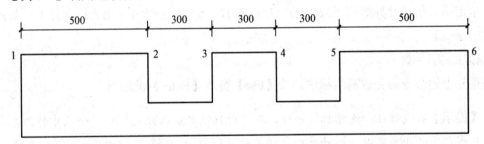

图 5-14　例 5-1

操作步骤：

命令：_dimlinear

指定第一条尺寸界线原点或 <选择对象>：（选择 1 点）

指定第一条尺寸界线原点：（选择 2 点）

标注文字＝500

命令：_dimcontinue

指定第二条尺寸界线原点或[放弃（U）/选择（S）]<选择>：（选择 3 点）

标注文字＝300

指定第二条尺寸界线原点或[放弃（U）/选择（S）]<选择>：（选择 4 点）

标注文字＝300

指定第二条尺寸界线原点或[放弃（U）/选择（S）]<选择>：（选择 5 点）

标注文字＝300

指定第二条尺寸界线原点或[放弃（U）/选择（S）]<选择>：（选择 6 点）

标注文字＝500

点击"确认"按钮或按【Esc】键，结束标注。

4. 基线标注

（1）启动

方法一：执行"标注"→"基线"命令。

方法二：单击"标注"工具栏中的"连续"按钮 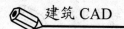 。

方法三：在命令行直接输入"dimbaseline"命令，并按【Enter】键。

（2）操作指南

执行命令后，命令行提示如下：

指定第二条尺寸界线原点或[放弃（U）/选择（S）]<选择>：（用光标选择第二条尺寸界线的原点）

标注文字＝数字

指定第二条尺寸界线原点或[放弃（U）/选择（S）]<选择>：（用光标选择下一条尺寸界线的原点）

标注文字＝数字

重复上述命令将完成基线标注，按【Esc】键或【Enter】键退出。

【提示】基线标注和连续标注一样，在进行标注之前必须先标出一个尺寸作为基准标注，基线之间的距离可以通过修改标注样式对话框中的"线"选项卡中的"基线间距"选项进行设置。

本章小结

本章主要介绍了文本标注和尺寸标注的相关知识。通过本章学习，读者应该掌握设置文字样式、单行文本标注、多行文本标注和特殊字符的输入；了解尺寸标注的基本知识和标注样式；掌握尺寸标注样式的设置；掌握尺寸标注的方法。要了解绘图都是用命令来实现的，这通常有三种方式：①在命令窗口中直接输入命令；②在菜单栏选中命令；③在工具栏中点击命令按钮。这三种方式的执行目的都是启动某种绘图命令。

本章练习

1. 绘制如图 5-15 并主要练习标注的操作方法，标注样式设置，如表 5-3 所示。

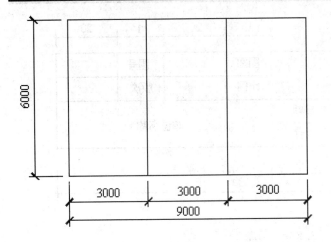

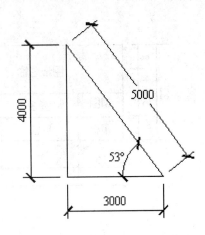

图 5-15　习题 1

表 5-3　"底层标注"尺寸标注样式的参数设置

类别	项目名称	格式
尺寸线	基线间距	7
尺寸界线	超出尺寸线	2.5
	起点偏移量	2.5
箭头	第一个	建筑标记
	第二个	建筑标记
	箭头大小	2.0
尺寸数字	文字高度	2.5
文字位置	从尺寸线偏移	0.1
	文字位置调整	文字始终保持在尺寸界线之间，若文字不在默认位置上时，将其放置在尺寸线上方，不带引线
文字对齐	文字对齐	与尺寸线对齐
调整	全局比例	100

2．按照图 5-16 给出的样式绘制并标注标题栏，要求如下：

（1）标题栏边框线性为 Continuous，线宽 0.5mm，颜色使用黑色。

（2）新建文字样式，设置字体文件为仿宋 GB2312，字体样式为常规，字体高度为 5。

（3）标注样式设置，如表格 5-4 所示。

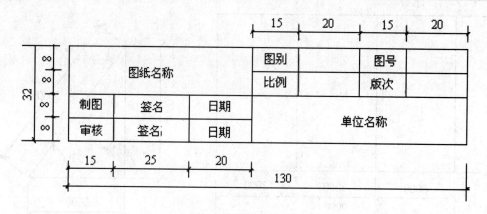

图 5-16 习题 2

表 5-4 "底层标注"尺寸标注样式的参数设置

类别	项目名称	格式
尺寸线	基线间距	3.75
尺寸界线	超出尺寸线	2.5
	起点偏移量	2.5
箭头	第一个	建筑标记
	第二个	建筑标记
	引线	倾斜
	箭头大小	2.5
文字外观	文字高度	5
文字位置	从尺寸线偏移	2.5
	文字位置调整	文字始终保持在尺寸界线之间，若文字不在默认位置上时，将其放置在尺寸线上方，不带引线
文字对齐	文字对齐	与尺寸线对齐
其他设置	其他设置	默认值

第6章　建筑施工图绘制

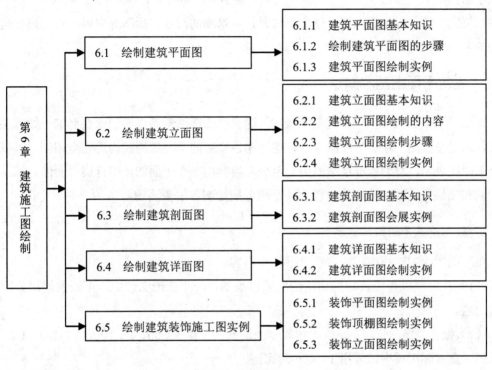

本章结构图

【本章导读】

AutoCAD 具有强大的二维绘图功能，深受设计人员的喜爱。本章将主要介绍建筑平面图、立面图、剖面图、详面图以及装饰施工图的基本绘图步骤和方法。

【本章学习目标】

➤ 掌握绘制建筑施工图时所涉及的基本绘图和编辑命令。

➤ 掌握 AutoCAD 的各种命令和技巧。

➤ 掌握建筑施工图的绘制方法。

6.1 绘制建筑平面图

建筑平面图是建筑施工图的重要组成部分。它是假想用一个水平剖切面沿门窗洞的位置将房间剖切后，对剖切面以下部分做出的水平剖面图，即为建筑平面图，简称平面图。建筑平面图用来反映房屋的平面形状、布局、大小和房间的布置，门、窗、主入口、走道、楼梯的位置，墙（柱）的位置、厚度和材料，建筑物的尺寸、标高等内容。它是进行建筑施工的主要依据。

6.1.1 建筑平面图基本知识

每个建筑平面图对应一个建筑物楼层，建筑平面图通常是以楼层来命名的，如首层平面图、二层平面图、顶层平面图等，若建筑物各楼层的平面部局和构造完全相同，可以用一个平面图表示，称为标准层平面图。至少应绘制出三个平面图，即首层平面图、标准层平面图和顶层平面图。若变化比较大，则应分别绘制各层平面图。

1. 绘制建筑平面图注意点

在平面图绘制过程中，应注意以下几个内容。

（1）在绘制过程中，布局相同的楼层可绘制在一个图形文件中，不同的楼层分别绘制和命名。

（2）根据"国际"规定，绘制建筑平面图通常采用 1∶50、1∶100、1∶200、1∶300 的比例，在实际工程中常采用 1∶100 的比例。

（3）绘制钱应合理规划图层，图层设置是否合理，对绘图效率的影响较大，尤其在复杂的图形中，图层设置合理可以大大提高绘图效率。

2. 绘制建筑平面图要点

一般情况下，绘制建建筑平面图的要点有以下几个。

（1）定位轴线。建筑施工图中的轴线是施工定位、放线的重要依据，所以也叫定位轴线。凡是承重墙、柱子等主要承重构件都应画出轴线来确定其位置。

"国标"规定，定位轴线采用细点划线表示，并予以编号，轴线和端部画直径为 8mm 的细实线圆圈，在圆圈内写上轴线编号。横向编号采用阿拉伯数字，从左至右顺序编写，竖向编号采用大写拉丁字母，自下而上顺序编写。拉丁字母中的 I、O、Z 不能用作轴线编号，以免与阿拉伯数字中的 1、0、2 混淆。

在建筑平面图上，定位轴线表示纵横向的位置及其编号，其中轴线之间的间距表示房间的开间和进深。一般在图下方与左侧标注定位轴线的编号，当平面图不对称时，也应在上方和右侧标注轴线编号。

（2）平面布置。平面布置包括楼层各房间的组合与分隔，墙与柱的断面形状及尺寸。

（3）图线。建筑平面图中的图线是有规定的，即粗细有别，层次分明。被剖切到得墙、柱等轮廓线用粗实线（b）绘制，门窗的开启示意线用中实线（0.5b）绘制，其余可见轮廓线用细实线（0.25b），尺寸线、标高符号、定位轴线的圆圈、轴线等用细实线和细点划线绘制。其中，b 的大小可根据不同情况选取适当的线宽组，如表 6-1 所示。

表 6-1　线宽组

线宽比	线宽组（mm）					
b	2.0	1.4	1.0	07.	0.5	0.35
0.5b	1.0	0.7	0.5	0.35	0.25	0.18
0.25b	0.5	0.35	0.25	0.18		

（4）门窗类型与编号。建筑平面图中门的代号用"M"表示，窗的代号用"C"表示。在门窗代号后标注阿拉伯数字作为门窗的编号，如 M-1、M1、C-1、C1……等。

（5）标注尺寸。建筑平面图中一般需标注总尺寸、轴线尺寸和细部尺寸等三道尺寸，分别表示建筑物的总长和总宽，建筑物定位轴线间的距离，外墙门窗洞口的大小和位置。另外还需标注平面图内的一些细部尺寸，如内墙上门窗洞口尺寸和一些构件的位置及尺寸。

（6）楼梯。建筑平面图中应绘制出楼梯的形状、上下方向和踏步数。

（7）标高。建筑平面图常以首层主要房间的室内地坪作为零点（标记为±0.000），分别标注出各楼层及不同部位的标高数据。

（8）其他。建筑平面图中还应绘制其他构件如台阶、散水、花台、雨棚、阳台灯构件的位置、形状和大小。

（9）符号标注。首层平面图中还应标出剖面图的剖切位置和剖视方向及编号，以及表示建筑物朝向的指北针。屋顶平面图应标注出屋顶形状、排水方向、坡度等内容。

（10）详图索引符号。一般在屋顶平面图附近配以檐口、女儿墙泛水、雨水口等构造详图，以配合平面图的识读。凡需要绘制的部位，均需标出详图索引符号。

（11）其他标注。建筑平面图中还应标注出：图名、比例、房间名称、使用面积等。

3．建筑剖面图的类别

（1）按工种分类

建筑平面图按工种分类一般可分为建筑施工图、结构施工图和设备施工图。用作施工使用的房屋建筑平面图，一般有：底层平面图（表示第一层房间的布置、建筑入口、门厅及楼梯等）、标准层平面图（表示中间各层的布置）、顶层平面图（房屋最高层的平面布置图）以及屋顶平面图（即屋顶平面的水平投影，其比例尺一般比其他平面图小）。

（2）按反映的内容分类

建筑平面图按照其反映的内容可分为底层平面图和中间标准层平面图。

底层平面图。又称一层平面图或首层平面图。它是所有建筑平面图中首先绘制的一张图。绘制此图时，应将剖切平面选房在房屋的一层地面与从一楼通向二楼的休息平台之间，且要尽量通过该层上所有的门窗洞。

中间标准层平面图。由于房屋内部平面布置的差异，对于多层建筑而言，应该有一层就画一个平面图。在实际的建筑设计过程中，多层建筑往往存在许多相同或相近平面布置形式的楼层，因此在实际绘图时，可将这些相同或相近的楼层合用一张平面图来表示。这张合用的图，就叫做"标准层平面图"，有时也可以用其对应的楼层命名，例如"二至六层平面图"等。顶层平面图，即房屋最高层的平面布置图，也可用相应的楼层数命名。

6.1.2　绘制建筑平面图的步骤

在绘制建筑平面图时，首先要明确绘制具体流程，如图 6-1 所示。

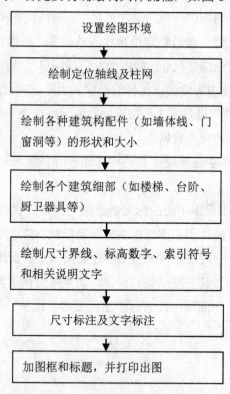

图 6-1　绘制建筑平面图的步骤

6.1.3　建筑平面图绘制实例

下面通过一个宿舍楼标准层平面图的绘制实例，介绍绘制建筑平面图的方法。绘制建筑平面图的操作步骤如下：

1. 绘图准备

（1）创建新文件

打开 AutoCAD 并新建一个图形文件"二维草图与注释"。

（2）设置绘图单位

单击"格式"菜单｜"单位"工具，系统会弹出"图形单位"对话框，在"长度"选项区域的"类型"中选择"小数"类型；在"精度"中选择"0"；在"角度"选项区域的"类型"中选择"十进制度数"类型，在"精度"中选择"0"；在"插入比例"选项区域中选择单位为"毫米"，如图 6-2 所示。

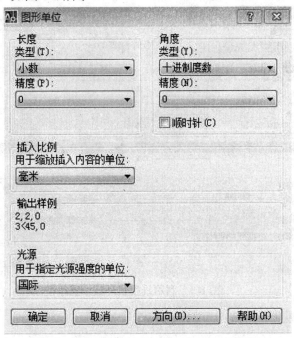

图 6-2　图形单位对话框

（3）设置图形界限

操作如下：

命令：_Limits

重新设置模型空间界限：

指定左下角点或[开（ON）/关]（OFF）]<0.0000,0.0000>：0,0

指定右上角点<420.0000,297.0000>：50000,20000

命令：_ZOOM

指定窗口角点，输入比例因子（nX 或 nXP），或

[全部（A）/中心点（C）/动态（D）/范围（E）/上一个（P）/比例（S）/窗口（W）]
<实时>：a

也可以单击"格式"菜单｜"图形界限"工具，将图形界限设置为 50000mm×20000mm
的范围。

通过上述设置，可调整模型空间的绘图区域大小。在绘制建筑施工图时，通常需要指
定图形界限以确定图形环境的范围，然后按实际的单位来绘图。

（4）设置线型比例

命令：_Linetype 或单击"格式"菜单｜"线型"工具，系统弹出"线型管理器"对话
框，在对话框中单击"加载"按钮，进行选择依次建立线型。单击"隐藏细节"按钮，在
"全局比例因子"和"当前对象缩放比例"中修改，如图 6-3 所示。

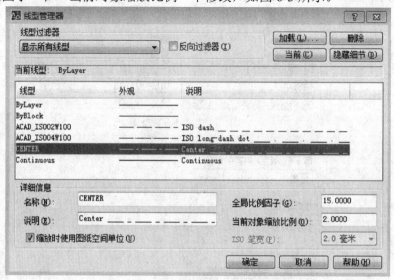

图 6-3　利用线型管理器设置线型

（5）设置图层

命令：单击格式"菜单"｜"图层"工具，系统弹出"图层特性管理器"对话框，在
"图层特性管理器"对话框中单击"新建图层"按钮，创建新图层。如创建名为"轴线"
的图层，将其"颜色"设置为"红色"，"线型"设置为"CENTER"，"线宽"设置为"0.15mm"。
依次建立图层。如图 6-4 所示。

【注意】每个图形文件都包括名为"0"的图层，不能删除或重命名图层"0"。绘图
时，新创建的对象将置于当前图层上。当前图层可以是默认图层"0"，也可以是用户自己
创建并命名的图层。要合理组织图层，应在绘制图形前创建几个新图层来组织图形，而不
是将整个图形均创建在图层"0"上。通过将其他图层置为当前图层，可以从一个图层切
换到另一个图层；随后创建的任何对象都与新的当前图层关联并采用其颜色、线型和线宽
等其他特性。

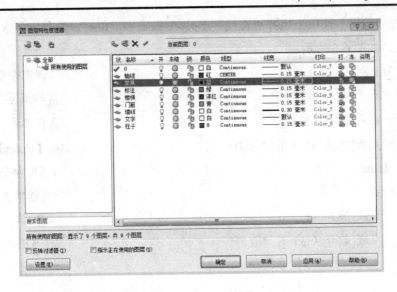

图 6-4　图层设置图

（6）设置文字样式

单击"格式"菜单｜"文字样式"工具，系统弹出"文字样式"对话框，新建一个名为"文字标注"的文字样式，字体选为"仿宋"，并将其置为当前以平面图中的文字标注，如图 6-5 所示。

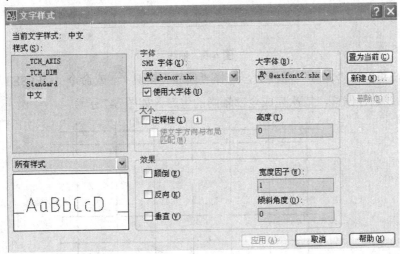

图 6-5　文字样式设置

2. 轴网绘制

轴网是由轴线组成的平面网格，轴线是指建筑物组成部分的定位中心线，是设计中建筑物各组成部分的定位依据。绘制墙体、门窗邓图形对象均以定位轴线为基准，以确定其平面位置与尺寸。具体绘制步骤为：

（1）在"格式"菜单｜"图层"面板上，选择"图层"下拉列表，单击"轴线"图层，将其且换为当前图层。

（2）在"绘图"面板上选择"直线"工具 ✏ 或命令"line"，绘制一条水平直线和一条垂直直线，如图 6-6 所示。

命令：_Line	//调用命令
指定第一点：	//鼠标单击
指定下一点或[放弃（U）]：	//鼠标单击
指定下一点或[放弃（U）]：*取消*	//按【Enter】键
命令：_L ine	//调用命令
指定第一点：	//鼠标单击
指定下一点或[放弃（U）]：	//鼠标单击
指定下一点或[放弃（U）]：*取消*	//按【Enter】键

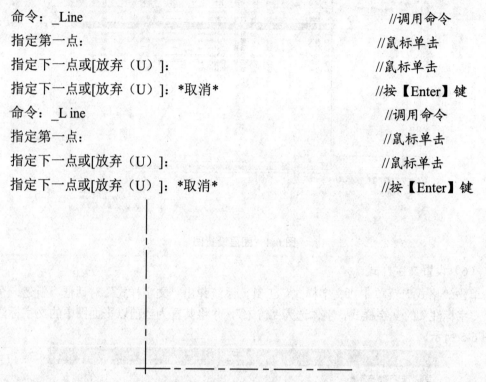

图 6-6　轴线

（3）在菜单栏"修改"面板上，选择"偏移"工具 ⬆ 或命令"OFFSET"，对所绘制的两条轴线进行偏移，依次完成全部轴网的生产。如图 6-7 示。

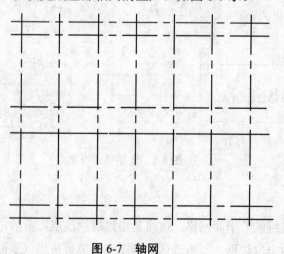

图 6-7　轴网

3. 绘制墙线

墙体是建筑物中最基本和最重要的构件，它起着承重、维护和分隔的作用。按照所处位置可将其分为外墙和内墙。建筑平面图中墙线具体绘制步骤如下：

（1）在"图层"面板上选择"图层"下拉列表，单击"墙线"图层，将设置成当前图层。

（2）选择"格式"菜单中的"多线样式"工具，在弹出的"多线样式"对话框中，新建一个名为"240 墙线"的多线样式，设置其偏移量分别为 120、-120，并将该样式"置为当前"，如图 6-8 示。

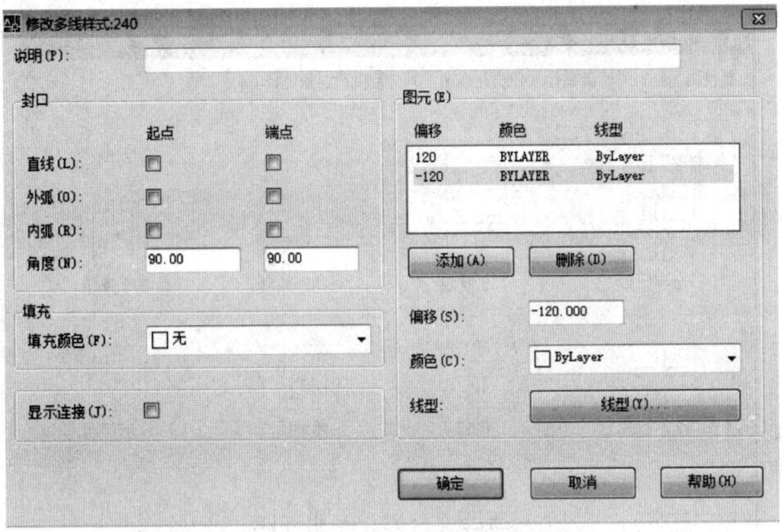

图 6-8　多线样式设置

（3）选择"绘图"菜单中"多线"工具，并辅助使用"对象捕捉"功能或采用命令"_Mline"。注意，根据命令行的提示，绘制墙线时需要将多线的"对正方式"设为"无"，"比例"设为"1"。具体操作如下：

命令：_Mline

当前设置：对正＝上，比例＝20.00，样式＝STANDARD

指定起点或[对正（J）/比例（S）/样式（ST）]：s

输入多线比例<20.00>：240

当前设置:对正＝上，比例＝240.00，样式＝STANDARD

指定起点或[对正（J）/比例（S）/样式（ST）]：j

输入对正类型[上（T）/无（Z）/下（B）]<上>:: z

当前设置:对正＝无，比例＝240.00，样式＝STANDARD

指定起点或[对正（J）/比例（S）/样式（ST）]：

指定下一点：

指定下一点或[放弃（U）]：

指定下一点或[闭合（C）/放弃（U）]：c

用同样的方法绘制其他墙线。

（4）由于利用"多线"命令绘制的墙线，在交叉点会出现不连贯或封口错误的现象，用户可以利用"多线编辑工具"进行修改。

在菜单栏中选择"修改""对象""多线"工具，系统会弹出如图 6-9 所示的"多线编辑工具"对话框，用户可选择提供的"角点结合""T 形打开""十字打开"等功能进行多线编辑。结果如图 6-10 所示。也可采用"分解所有多线命令_explode"和"修剪汇交处的多余墙线命令：_trim"进行修剪，具体操作如下：

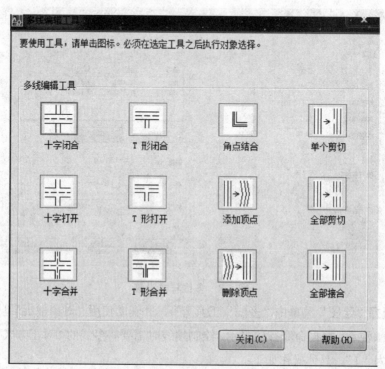

图 6-9　多线编辑设置

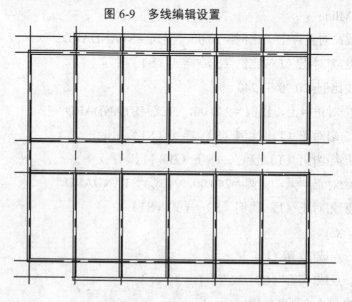

图 6-10　多线修剪

①分解所有的多线：

命令：_Explode

选择对象：指定对角点，找到 44 个 18 个不能分解

选择对象：

②修剪汇交处的多余墙线：

命令：_Trim

当前设置：投影＝UCS，边＝无

选择剪切边…

选择对象：指定对角点，找到 40 个

选择对象：

选择要修剪的对象，按住【Shift】键选择要延伸的对象，或[投影（P）/边（E）/放弃（U）]：

按上述方法修剪其他汇交处的多余部分。

4．绘制门窗

一般民用建筑的门高不宜小于 2100mm。单扇门的宽度一般为 700～1000mm，双扇门的宽度一般为 1200～1800mm。窗的尺寸主要指窗洞口的大小。窗洞口的高度与宽度尺寸通常采用扩大模数 3M 数列作为洞口的标志尺寸，一般洞口高度为 600～3600mm。

平面图中门窗绘制的操作步骤有多种，如在"绘图"面板上选择"直线"工具，"圆弧"工具、"矩形"工具，并配合使用对象捕捉功能，在"门窗"图层中绘制门窗图例。并在"块"面板上选择"定义属性"工具，分别对门、窗两个图形对象创建图块属性。也可在"块"面板上选择"创建"工具 ，为以上门、窗对象分别创建名为"M-1"、"C-1"等图块。

选择"工具"菜单中的"块编辑器"工具，分别为门、窗图块添加动作。需注意在绘制门窗图形前，必须先在墙体上开门窗洞口。将"墙体"置为当前图层，利用"直线"并配合使用"对象捕捉"和"动态输入"绘制门窗洞口边框线。利用"插入块"工具 ，将所创建好的门窗图块插入到平面图中，结果如图 6-11 所示。

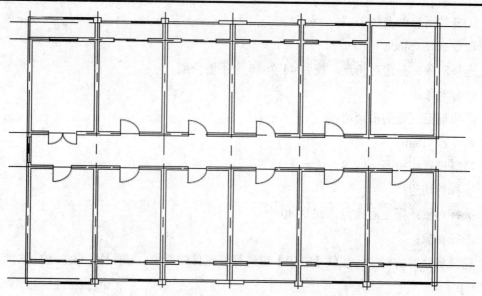

图 6-11　插入门窗

5. 绘制楼梯

楼梯是连接上、下楼层间的垂直交通设施。它是由楼梯梯段、楼层平台、休息平台、栏杆和扶手组成的。楼梯样式多样，如双炮跑梯、多跑楼梯、旋转楼梯、剪刀楼梯和双分双合楼梯等。

楼梯常见坡度范围为 20°～45°，楼梯坡度小于 20°时，采用坡道；大于 45°时，采用爬梯。楼梯踏步由踏面和踢面组成，其中踏面宽 300mm，踢面高 150mm，行走较舒适，一般踏面宽度不宜小于 240mm，踢面和踏面的关系应满足"2×踢面高＋踏面宽＝600～620mm。楼梯栏杆扶手高度一般为 900mm，考虑儿童使用时，其高度为 600mm或设两道栏杆扶手。楼梯段宽度要考虑人流量，住宅楼的梯段宽度一般在 1000～1200mm。楼梯平台宽度应大于或等于梯段宽度。楼梯的净空高度在平台过道大于 2m，在梯段处应大于 202m。

楼梯可采用前面所述基本绘图命令和编辑命令来绘制。具体绘制步骤如下：

（1）在"格式"菜单下，选择"图层"面板，单击"楼梯"图层，将其切换为当前图层。

（2）在"绘图"面板上选择"矩形"工具，绘制休息平台轮廓线。

（3）在"绘图"面板上选择"矩形"工具，并配合使用"偏移"工具，在楼梯中间位置绘制楼梯井轮廓线。

（4）在"绘图"面板上选择"直线"工具并配合使用"阵列"工具，绘制梯段的踏步线。

（5）在"修改"面板上选择"修剪"工具，对多余线条进行修剪，完成楼梯图样的绘制。

（6）在"绘图"面板上选择"多线段"工具，绘制出楼梯的剖断线和指向箭头，并利用"多行文字"工具标注楼梯的上下方向。如图 6-12 所示。

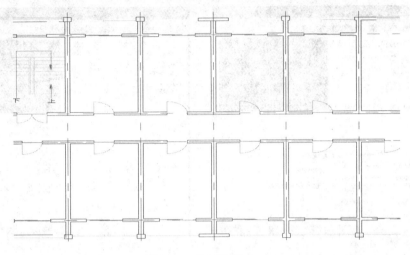

图 6-12　绘制楼梯

6. 平面图标注

在绘制完成平面图时，还需要进行尺寸标注、文字标注和一些常用符号的标注，以使建筑平面图所表示的内容更加清晰明了，便于读图。平面图标注的操作步骤如下：

（1）标注样式

使用 DDIM 命令或"格式"菜单中的"标注样式"命令，在弹出的"标注样式管理器"对话框中，新建一个名为"标注"的标注样式，并置为当前，如图 6-13 所示。

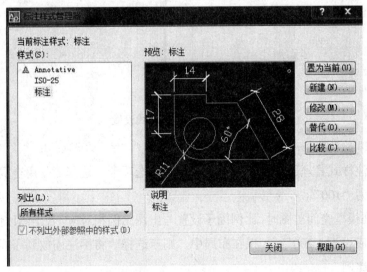

图 6-13　标注样式

在"标注样式管理器"对话框中，按照 6-14a 所示，对"线"选项卡进行设置；按照 6-14b 所示，对"符号和箭头"选项卡进行设置；按照 6-14 所示，对"文字"选项卡进行设置；按照 6-14 所示，对"主单位"选项卡进行设置。

a

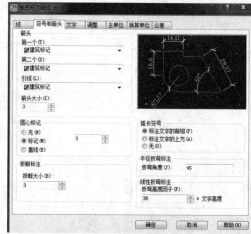

b

c   d

图 6-14 标注样式设置

a："线"的设置；b："符号和箭头"的设置；c："文字"的设置；d："主单位"的设置

在"标注样式管理器"中，切换到"调整"选项卡，选择"使用全局比例"，并将比例因子修改为"100"。

注意：在模型空间出图时，比例因子设置与出图比例相对应，若出图比例为"1：200"，则比例因子应设为"200"。如果在布局中，则应选择"将标注缩放到布局"，且此时也不必指定全局比例。

（2）平面图标注

在建筑平面图中标注时，用户可利用前面章节所介绍的内容进行标注。具体操作步骤如下：

①"注释"面板上选择"线性"工具，并配合使用"对象捕捉"功能，在"标注"图层中，为建筑平面图标注第一道尺寸。

②在"标注"菜单中选择"连续"工具，以前一组尺寸标注位置为基础，分别标注出建筑物外部的三道尺寸和内部细部尺寸。

③在"修改"面板上选择"镜像"工具 ，对已绘制图型以右侧第一根轴线为对称轴进行镜像，并对局部进行修改。

④利用前面章节所述内容，创建标高符号和轴线符号的图块，并在平面图中适当位置插入图块。

⑤在"注释"面板上选择"多行文字"工具，将图层切换到"文字"图层，对建筑平面图标注图名和房间名称。

⑥利用本教材前面章节所述"图框绘制"内容，在"0"图层中绘制一个 2 号图框，并创建块，使用图块的"插入"功能，将图框插入到适当位置。

6.2　绘制建筑立面图

建筑立面图是指用正投影法对建筑各个外墙面进行投影所得到的正投影图。与平面图一样，建筑的立面图也是表达建筑物的基本图样之一，它主要反映建筑物的立面形式和外观情况。

6.2.1　建筑立面图基本知识

立面图主要是反映房屋的外貌和立面装修的做法，这是因为建筑物给人的外表美感主要来自其立面的造型和装修。建筑立面图是用来进行研究建筑立面的造型和装修的。反映主要入口，或是比较显著地反映建筑物外貌特征的一面的立面图，叫做正立面图，其余面的立面图，称为背立面图和侧立面图。

如果按照房屋的朝向来分，可以称为南立面图、东立面图、西立面图和北立面图。如果按照轴线编号来分，也可以有①～⑥立面图、④～⑨立面图等。建筑立面图中只需绘制轮廓线即可，外墙表面分格线应表示清楚，并在相应部位标示文字说明所用材料及颜色。

建筑立面图使用大量图例来表示很多细部，如门窗、阳台、外檐等，这些细部的构造和做法，一般都另有详图。如果建筑物有一部分立面不平行于投影面，可以将这一部分展开到与投影面平行，再画出其立面图，然后在其图名后注写"展开"字样。

为了使建筑立面图达到一定的立体效果，通常采用主次分明线型表示，如建筑物外轮廓和较大转折处轮廓的投影通常采用粗实线来表示；外墙上的凸凹部位通常采用中粗实线表示；门窗的细部分格、外墙的装饰线通常采用细实线表示；室外地坪线用加粗实线表示。另外，建筑立面图的绘制比例与建筑平面图的比例一致，常采用 1：50、1：100、1：200、1：300 的比例。

1. 建筑立面图的图示内容

建筑立面图的图示内容主要包括以下 4 个方面：

（1）室内外的地面线、房屋的勒脚、台阶、门窗、阳台、雨蓬；室外的楼梯、墙和柱；外墙的预留孔洞、檐口、屋顶、雨水管、墙面修饰构件等。

（2）外墙各个主要部位的标高。

（3）建筑物两端或分段的轴线和编号。

（4）标出各个部分的构造、装饰节点详图的索引符号。使用图例和文字说明外墙面的装饰材料和做法。

2. 建筑立面图的命名方式

建筑立面图的命名目的在于能够一目了然地识别其立面的位置。由此可见，各种命名方式都是围绕"明确位置"这一主题来实施的。至于采取哪种方式，则视具体情况而定。

（1）以相对主入口的位置特征命名。以相对主入口的位置特征命名的建筑立面图称为正立面图、背立面图、侧立面图。这种方式一般适用于建筑平面图方正、简单，入口位置明确的情况。

（2）以相对地理方位的特征命名。以相对相对地理方位的特征命名，建筑立面图常称为南立面图、北立面图、东立面图、西立面图。这种方式一般适用于建筑平面图规整、简单，而且朝向相对正南正北偏转不大的情况。

（3）以轴线编号来命名。以轴线编号来命名是指用立面起止定位轴线来命名，如①～⑫立面图等。这种方式命名准确，便于查对，特别适用于平面较复杂的情况。

根据国家标准 GB／T50104，有定位轴线的建筑物，宜根据两端定位轴线号编注立面图名称。无定位轴线的建筑物可按平面图各面的朝向确定名称。

6.2.2 建筑立面图绘制的内容

从总体上来说，立画图是在平面图的基础上，引出定位辅助线确定立面图样的水平位置及大小。然后根据高度方向的设计尺寸确定立面图样的竖向位置及尺寸，从而绘制出一个个图样。通常，立面图绘制的内容如下：

（1）确定定位轴线。一般只绘制出建筑物两侧的轴线及其编号，以便与建筑平面图相对应。

（2）确定定位辅助线。包括墙、柱定位轴线、楼层水平定位辅助线及其他立面图样的辅助线。

（3）立面图样绘制。包括墙体外轮廓及内部凹凸轮廓、门窗（幕墙）、入口台阶及坡道、雨棚、窗台、窗楣、壁柱、檐口、栏杆、外露楼梯、各种线脚等内容。

（4）配景。包括植物、车辆、人物等。

（5）尺寸。应标注建筑长度尺寸、楼层高度尺寸和门窗的竖向尺寸。

（6）标高。应标注主要部分的标高，如室外地坪、台阶、门窗洞口顶面、雨篷、阳台、女儿墙等处的标高。

（7）详图索引符号。凡是需要绘制详图的部位均要标注索引符号。如外墙面做法、檐口、女儿墙和雨水管等部位。

（8）文字标注。在建筑立面图中外墙装修做法和一些细部处理等均需在相应的部位标注文字。

（9）线型、线宽设置。

6.2.3　建筑立面图绘制步骤

建筑立面图的绘制步骤如下：

（1）绘图环境设置。

（2）绘制地平线、定位轴线、楼层位置以及外墙轮廓线。

（3）绘制建筑构配件的可见轮廓线，如门窗洞口、楼梯间、檐口、阳台、雨棚、台阶、柱子、雨水管等。

（4）进行尺寸标注、标高、索引、文字等的标注。

（5）绘制或插入图框以及标题栏。

（6）进行图形页面设置，打印出图。

6.2.4　建筑立面图绘制实例

1.　绘图准备

同 6.1 节平面图绘制设置。

2.　绘制地平线与外墙线

利用直线和射线工具绘制建筑立面图轮廓，具体操作步骤如下：

（1）将上一节所绘制的建筑平面图插入到本图形文件，并将多余的图形对象和线条删除，作为立面图绘制的参照。

（2）在"格式"面板上，选择"图层"，单击"地平线"图层，将其切换为当前图层。

（3）在"绘图"面板上，选择"直线"工具或命令"line"，绘制地平线，如图 6-15 所示。

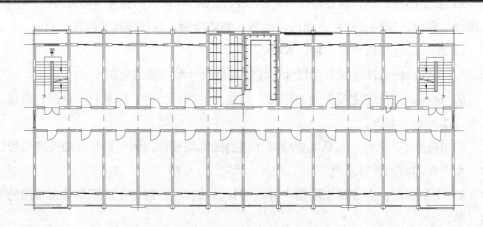

图 6-15　绘制地平线

（4）在"格式"面板上选择"图层"，单击"辅助线"图层，将其切换为当前图层，在"绘图"面板上选择"射线"工具或命令"radio"绘制辅助线，如图 6-16 所示。

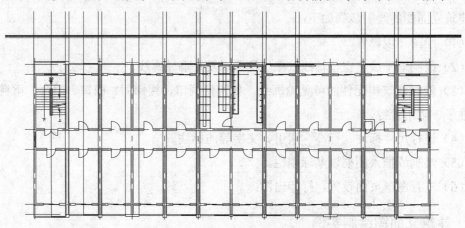

图 6-16　绘制辅助线

（5）在"修改"面板上选择"偏移"工具或命令"OFFSET"，对所绘制的地坪线进行偏移，依次完成全部辅助轴网的生产楼层高度线。

（6）在"绘图"面板上选择"直线"工具，绘制外墙轮廓线并将其线宽设为 0.4mm，如图 6-17 所示。注意外墙轮廓线应分楼层绘制，以便于后续修改编辑。

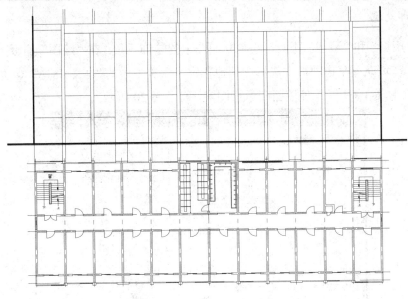

图 6-17 绘制立面轮廓线

3. 绘制门窗

绘制门窗的步骤如下：

（1）利用"矩形"和"直线"工具在"门窗"图层中，绘制立面门窗图样并创建为图块。

（2）在"格式"面板上选择"图层"，单击"门窗"图层，将其切换为当前图层，利用图块的"插入"功能，将所创建的门窗图块插入立面图中，如图 6-18 所示。

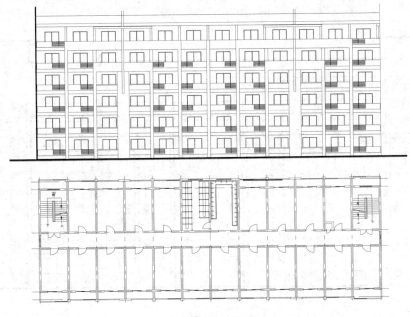

图 6-18 绘制立面门窗

4. 细部处理

利用"矩形"和"直线"工具，绘制立面图中的装饰线条。在"绘图"面板上选择"填充"工具，在填充图案选项板中选择"其他预定义"类型中的"AR-B816"，并将比例设为"2"，如图 6-19 所示；外墙面砖示意图案，如图 6-20 所示。

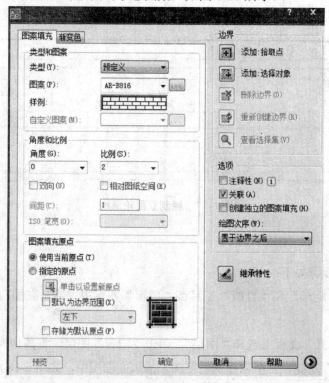

图 6-19 图案填充设置

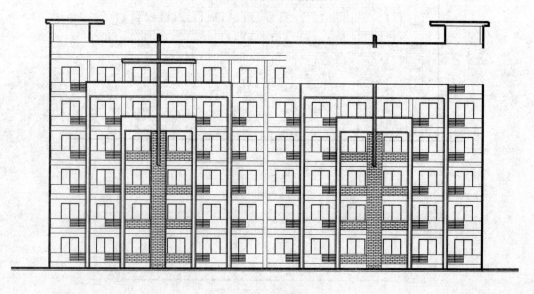

图 6-20 细部处理

5. 立面图标注

立面图标注的步骤如下：

（1）创建名为"尺寸标注"的标注样式，其参数设置参见平面图标注相应内容。

（2）在"格式"面板上选择"图层"，单击"标注"图层，将其切换为当前图层。

（3）在"注释"面板上选择"线性"工具，并配合使用"对象捕捉"功能和"连续标注"工具，依次完成立面图标注。

（4）利用前面所述"建筑图符号标注"内容，创建"标高符号"图块，并将其定义为图块。

（5）在"块"面板上选择"插入"工具，将标高符号插入到立面图竖向尺寸右侧位置。

在"格式"面板上选择"图层"，单击"文字"图层将其切换为当前图层，并在"注释"面板上选择"多行文字"工具，对立面图图名和细部做法进行标注。

（7）利用本教材前面章节所述"图框绘制"内容，在"0"图层中绘制一个 2 号图框并创建块，使用图块的"插入"功能，将图框插入到适当位置。

6.3　绘制建筑剖面图

建筑剖面图是假想用一个或多个垂直于外墙轴线的铅垂线剖切平面将房屋剖开，移去靠近观察者的部分，对留下部分正投影原理作正投影图。建筑剖面图用以表示建筑内部的结构构造、垂直方向的分层情况、被剖切的墙体、楼地面、楼梯、阳台、屋面的构造及相关尺寸、标高等。所以，建筑剖面图与建筑平面图、建筑立面图相配合，是建筑施工中不可缺少的重要图样之一。

6.3.1　建筑剖面图基本知识

剖面图一般不绘制基础，剖切面上的材料图例与图线表示均和平面图一致，即凡是被剖切到的部分均采用粗实线表示；次要构件或未剖切到的部位用中粗线表示；其余部位采用细实线；需注意的是由于比例较小，被剖切开的混凝土构件应涂黑。剖面图的比例与平、立面图一致，也常采用 1∶50、1∶100、1∶200、1∶300 的比例。而对于剖面图的图名，应和建筑底平面图中剖切符号编号相一致，如 1-1 剖面图。

剖面图的剖切位置应根据图样的用途或设计需要，在剖面图上尽量选择反应全貌，构造特征具有代表性的部位进行剖切，如楼梯间、门厅等，应尽量剖切到门窗洞口。对于剖切类型可全剖、半剖、1/4 剖、阶梯剖，而剖切符号应绘制在首层平面图内。

1. 建筑剖面图绘制内容

一般来说，建筑剖面图包括以下内容：

（1）定位轴线。一般标注承重墙和柱的定位轴线。

（2）剖切部位。一般剖切到室内外地面、楼地面、屋面、内外墙、门窗、梁、楼梯梯段、阳台等。

（3）可见部位。一般未剖切到的可见部位如：墙面、门窗、雨棚、阳台等构件的位置和形状。

（4）尺寸标注。剖面图一般标注三道尺寸，即室外地坪女儿墙压顶的总尺寸、层高尺寸、细部尺寸。

（5）标高。一般应标注出剖面图的室内外地坪、台阶、门窗、楼层、雨篷、阳台、檐口、女儿墙等处的标注。

（6）详图索引符号。由于剖面图比例较小，有些部位需绘制详图，所以应在这些部位绘制详图索引符号。

（7）文字标注。在剖面图中应标注相应的图名和比例等。

2. 建筑剖面图绘制步骤

建筑剖面图绘制步骤如下：

（1）设置绘图环境。

（2）绘制地平线、定位轴线、各楼层地面线及外墙轮廓线。

（3）绘制剖面图门窗洞口位置、楼梯平台、女儿墙、檐口及其他可见轮廓线。

（4）绘制梁板、楼梯等构件轮廓线，并将剖切到构件涂黑。

（5）进行尺寸、标高、索引符号和文字标注等标注。

（6）绘制或插入图框及标题栏。

（7）进行图形页面设置，打印出图。

6.3.2 建筑剖面图绘制实例

1. 绘图准备

同 6.1 节平面图绘制设置。

2. 底层剖面图绘制

利用直线和射线工具绘制建筑立面图轮廓，具体操作步骤如下：

（1）首先将上两节所绘制的建筑平面图和建筑立面图插入到本图形文件，并将多余的图形对象和线条删除，作为剖面图绘制的参照。

（2）在"格式"面板上选择"图层"，单击"辅助线"图层，将其切换为当前图层，并利用"射线"工具绘制辅助线。

【注意】先绘制 45°斜线，再由剖切位置的可剖到或可看到的图形对象绘制纵横向辅助线。

（3）在"格式"面板上选择"图层"，单击"地平线"图层，将其切换为当前图层，利用"多段线"工具绘制地平线。

（4）在"格式"面板上选择"图层"，单击"墙线"图层，将其切换为当前图层。在"绘图"面板上选择"直线"工具或命令"line"，绘制首层的墙线。单击"楼梯"图层，将其切换为当前图层。利用"多线段"工具绘制首层楼梯，并利用"阵列"工具生成楼梯。

（5）利用"矩形"和"直线"工具在"门窗"图层中，绘制立面门窗图样并创建为图块，然后在"格式"面板上选择"图层"，单击"门窗"图层，将其切换为当前图层，利用图块的"插入"功能，将所创建的门窗图块插入立面图中。利用"矩形"和"直线"工具，绘制剖面图的可见造型图样。

3. 绘制标准层

绘制标准层的步骤为：在"修改"面板上选择"偏移"工具或命令"OFFSET"，对绘制好的首层剖面图基线偏移并利用夹点功能"直线"工具，绘制剖面图的剖到和可见的造型图样，如图 6-21 所示。

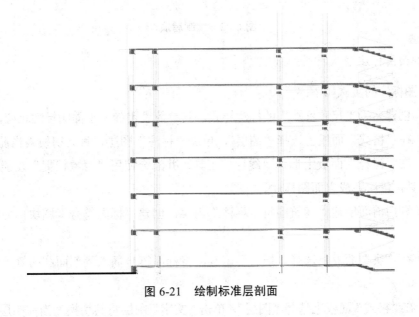

图 6-21　绘制标准层剖面

4. 绘制屋顶

绘制屋顶的步骤如下：

（1）在"格式"面板上选择"图层"，单击"楼梯"图层，将其切换为当前图层。利用"多段线"工具绘制顶层的楼梯。

（2）利用"直线""对象捕捉""修剪"工具，绘制剖面图屋顶图样。

（3）在"块"面板上选择"插入"工具，将创建的剖面图门窗图块插入到适当位置。如图 6-22 所示。

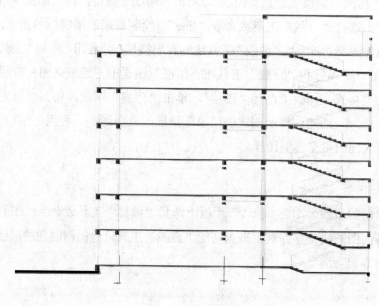

图 6-22　绘制屋顶

5. 剖面图标注

剖面图标注的步骤如下：

（1）创建名为"尺寸标注"的标注样式，其参数设置参见平面图标注相应内容。

（2）在"格式"面板上选择"图层"，单击"标注"图层，将其切换为当前图层。

（3）在"注释"面板上选择"线性"工具，并配合使用"对象捕捉"功能和"连续标注"工具，依次完成立面图标注。

（4）利用前面所述"建筑图符号标注"内容，创建"标高符号"图块，并将其定义为图块。

（5）在"块"面板上选择"插入"工具，将标高符号插入到剖面图两侧尺寸线外侧位置。

（6）在"格式"面板上选择"图层"，单击"文字"图层将其切换为当前图层并在"注释"面板上选择"多行文字"工具，对剖面图图名和细部做法进行标注，如图 6-23 所示。

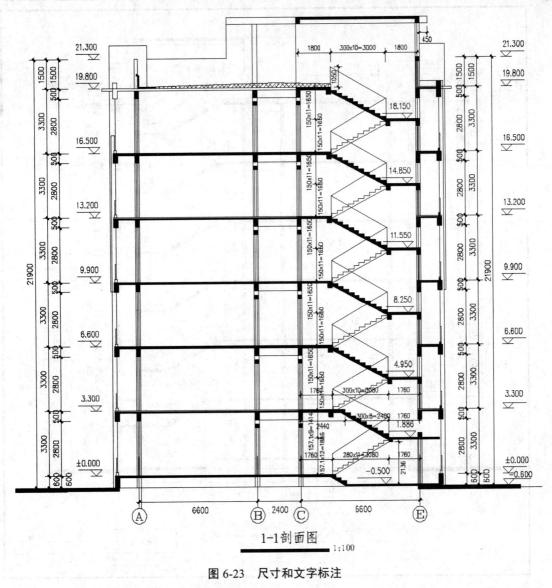

图 6-23 尺寸和文字标注

（7）利用本教材前面章节所述"图框绘制"内容，在"0"图层中绘制一个竖向 3 号图框，并创建块，使用图块的"插入"功能，将图框插入到适当位置。结果如图 6-24 所示。

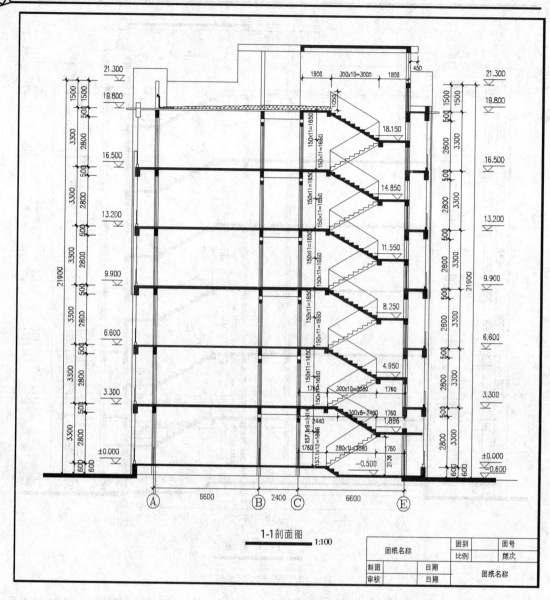

图 6-24　插入图框

6.4　绘制建筑详面图

　　建筑平面图、建筑立面图和建筑剖面图三图配合虽能够表达建筑物全貌，但是由于所绘制比例较小，一些细部构造不能表达出来。因此，在建筑施工图中，还应把建筑物的一些细部构造，采用 1：1、1：2、1：10、1：20、1：30 等较大比例将其形状、大小、材料和做法详细地表达出来，以满足施工图的深度要求，这种图样称为建筑详图，又称大样图或节点图。

6.4.1　建筑详面图基本知识

建筑详图要求图示的内容详尽清楚，尺寸标准齐全，文字说明详尽。一般应表达出构配件的详细构造；所用的各种材料及其规格；各部分的构造连接方法及相对位置关系；各部位、各细部的详细尺寸；有关施工要求、构造层次及制作方法说明等。同时，建筑详图必须加注图名（或详图符号），详图符号应与被索引的图样上的索引符号相对应，在详图符号的右下侧注写比例。对于套用标准图或通用图的建筑构配件和节点，只需注明所套用图集的名称、型号、页次，可不必另画详图。

建筑详图是施工的重要依据，详图的数量和图示内容要根据房屋构造的复杂程度而定。一般建筑施工图需绘制以下几中节点详图：外墙剖面详图、门窗详图、楼梯详图、台阶详图、卫浴间详图等。建筑详图一般应能清楚地表达详细构造、材料做法及详细尺寸等，同时标注各部位的标高、高度方向的尺寸，有关的施工要求和做法说明等，具体绘制包括以下内容：

（1）文字标注。在详图中应标注相应的图名和比例，详细注明各部位和各层次的用料、做法、颜色及施工要求等。

（2）可视部位。建筑构配件的形状及与其他构配件的详细构造和层次，及有关的详细尺寸和材料图例等内容。

（3）标注。标注标高符号、定位轴线符号及编号等。

（4）详图索引符号。详图索引符号及其编号以及另需绘制详图的索引符号。

6.4.2　建筑详图绘制实例

1. 楼梯详图绘制

楼梯详图主要表示楼梯的类型、结构形式、各部位的细部尺寸及装修做法等。楼梯详图一般由楼梯平面图、剖面图、节点详图组成。楼梯详图应尽量布置在同一张图样上，以便绘制和阅读。其具体绘制步骤如下：

（1）将图层切换到"轴线"图层，利用"直线"工具绘制轴网。将图层切换到"墙线"图层，利用"多段线"工具绘制墙线并利用"多线编辑"功能对多线交点进行编辑，如图 6-25 所示。

（2）将图层切换到"门窗"图层，利用"插入"布置门窗。如图 6-26 所示。

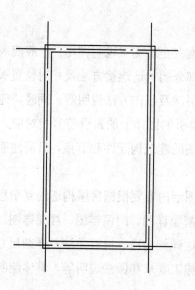

图 6-25　楼梯间轴网

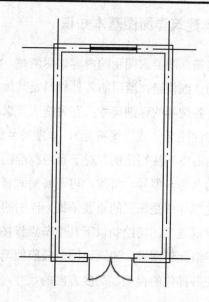

图 6-26　楼梯间墙线

（3）将图层切换到"楼梯"图层，利用"矩形"工具绘制休息平台。

（4）利用"直线"工具在休息平台下侧绘制第一条踏步示意线，并利用"阵列"工具生成其他踏步示意图，如图 6-27 所示；阵列选项设置如图 6-28 所示。

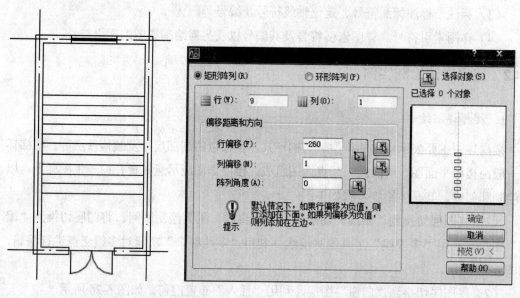

图 6-27　楼梯踏步线

图 6-28　楼梯踏步线阵列设置

（5）利用"矩形""捕捉中点""移动""偏移"工具，绘制楼梯栏杆。利用"修剪"工具，选中全部踏步线和栏杆外侧矩形，对踏步进行修剪。利用"多段线"工具绘制剖切线，并利用夹点功能调整剖切线样式，并绘制方向示意箭线和文字标注，如图 6-29 所示。

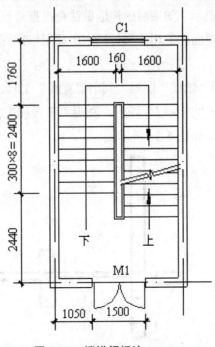

图 6-29　楼梯间标注

（6）利用"复制"工具将所绘制的楼梯间平面图复制为三个；然后用"修剪""删除"
"夹点编辑"工具，将前面所绘制的标准层楼梯平面图分别设为首层楼梯平面图和顶层楼
梯平面图；再将图层切换到"标注"图层，对楼梯平面图进行尺寸标注和标高。如图 6-30
所示。

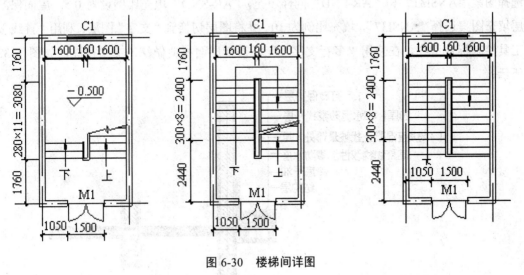

图 6-30　楼梯间详图

2. 屋面做法详图绘制

屋面是建筑物的重要组成部分，它是建筑物顶部的外围护构件和承重构件。屋顶须具
备足够的强度、刚度、防水、保温和隔热等能力。在建筑施工图中，屋面的构造做法及材

料选用应通过屋面详图表示，如果屋面构造做法是根据建筑标准规范进行设计的，则可以不绘制详图，只需要在剖面图的相应部位注明所采用标准图集名称、编号或页码即可。屋面做法详图绘制如下：

（1）将图层切换到"轴线"图层，利用"直线"工具，绘制屋面详图定位轴线。

（2）将图层切换到"抹灰层"图层，利用"多段线"工具绘制墙、板抹灰层轮廓线以及屋面找平层轮廓线，如图 6-31 所示。

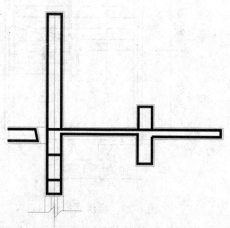

图 6-31　抹灰层轮廓线

（3）将图层切换到"材料填充"图层，利用"填充"工具，对墙体、混凝土梁板、屋面层次进行填充。墙体填充选择图案"ANSI31"，填充比例为 30。对于混凝土梁板对象选择图案"ANSI31"和"AR-SND"同样填充，"AR-SND"填充比例设为 0.5。屋面保温层填充图案选择"ANSI37"，填充比例为 10。并将图层切换到"文字"图层，利用"直线"工具绘制标注引线，在使用"多行文字"工具进行屋面材料做法的文字标注，如图 6-32 所示。

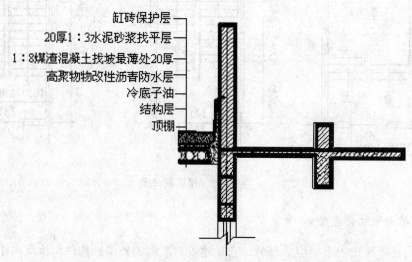

缸砖保护层
20厚1：3水泥砂浆找平层
1：8煤渣混凝土找坡最薄处20厚
高聚物物改性沥青防水层
冷底子油
结构层
顶棚

图 6-32　屋面详图

3．墙身节点详图绘制

墙身节点详图实际上是建筑剖面图外墙部分的局部放大，主要用于表达外墙与地面、楼面、屋面的构造情况，以及檐口、女儿墙、窗台、勒角、散水等部位的尺寸、材料和做法等情况。在多层房屋中，如果各层墙体情况一致，可绘制底层、顶层或加一个中间层来表示，在绘制时，可在窗洞中间断开。其具体绘制步骤如下：

（1）将图层切换到"轴线"图层，利用"直线"工具，绘制墙身节点详图定位轴线。然后切换到"轮廓线"图层，利用"直线"工具绘制墙体轮廓。

（2）将图层切换到"抹灰层"图层，利用"多段线"工具绘制墙面抹灰层轮廓线。如图 6-33 所示。

（3）将图层切换到"门窗"图层，利用"多线"绘制剖面图窗的图样。

（4）将图层切换到"材料填充"图层，利用"填充"工具对墙体、混凝土梁板、屋面层次进行填充。墙体填充选择图案"ANSI31"，填充比例 30。对于混凝土梁板对象选择图案"ANSI31"和"AR-SND"同样填充，"AR-SND"填充为比例设为 0.5。如图 6-34 所示。

（5）将图层切换到"文字"图层，利用"直线"工具绘制标注引线，在使用"多行文字"工具进行屋面材料做法的文字标注，如图 6-35 所示。

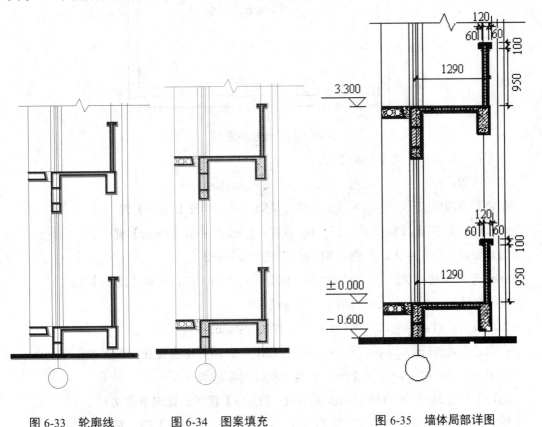

图 6-33　轮廓线　　　图 6-34　图案填充　　　　图 6-35　墙体局部详图

6.5 绘制建筑装饰工图实例

绘制装饰施工图和绘制建筑施工图相似，在之前也要设置图幅、绘制图框、标题栏等内容，方法等同于建筑施工图，只是在绘制图幅时，因装饰施工图和建筑施工图采用的比例不一样，装饰施工图采用 1：50 比较多。如果采用 1：50 的比例绘图时，我们将图幅尺寸扩大 50 倍。如在 2 号图纸上绘图时，输入的尺寸为 29700×21000，而在输入工程尺寸时，按实际尺寸输入即可，如开间的尺寸为 3600mm，我们就直接输入 3600。

6.5.1 装饰平面图绘制实例

绘制平面图是装饰施工图首要绘制图形，装饰平面图绘制操作步骤如下：
（1）设墙体层为当前层，线宽为 0.3mm，执行"绘图"/"多线"命令，绘制如图 6-36 所示的图形。

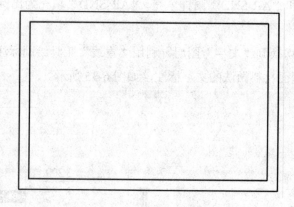

图 6-36 绘制外墙

命令：_Mline，并按【Enter】键

当前设置：对正＝上，比例＝20.00，样式＝standard

指定起点或[对正（J）/比例（S）/样式（ST）]J，并按【Enter】键

输入对正类型[上（T）/无（Z）/下（B）]<上>:Z，并按【Enter】键

当前设置：对正＝无，比例＝20.00，样式＝standard

Specify 指定起点或[对正（J）/比例（S）/样式（ST）]S，并按【Enter】键

输入多线比例<20.00>:240，并按【Enter】键

当前设置：对正＝无，比例＝240.00，样式＝standard

指定起点或[对正（J）/比例（S）/样式（ST）]：用鼠标左键在绘图区域任点一点

指定下一点：6000，并按【Enter】键（鼠标向右移动）

指定下一点或[放弃（U）]：4000，并按【Enter】键（鼠标向下移动）

指定下一点或[闭合（C）/放弃（U）]：6000，并按【Enter】键（鼠标向左移动）

指定下一点或[闭合（C）/放弃（U）]：C，并按【Enter】键（闭合图形）

（2）绘制柱子（400×400）、门窗，标注尺寸，绘制如图 6-37 所示。

尺寸标注样式的设置如下：

①单击下拉菜单"格式"/"标注样式"，打开"标注样式管理器"对话框。创建名为"装饰"的新标注样式。

②在"标注样式管理器"对话框中，单击修改按钮，出现"修改样式对话框"。单击"直线（ LINE） "选项卡，参数设置如图 6-38 所示。

③单击"箭头样式（symbols and arrows）"选项卡设置如图 6-39 所示。

④单击"文字"选项卡，参数设置如图 6-40 所示。

⑤单击"主单位"选项卡，参数设置如图 6-41 所示；其他不变。

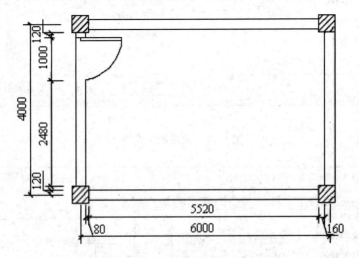

图 6-37　完成绘图

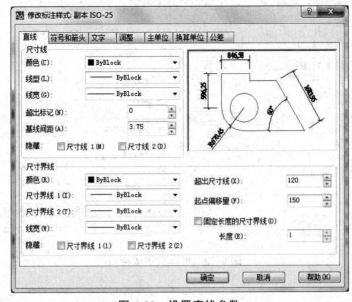

图 6-38　设置直线参数

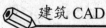

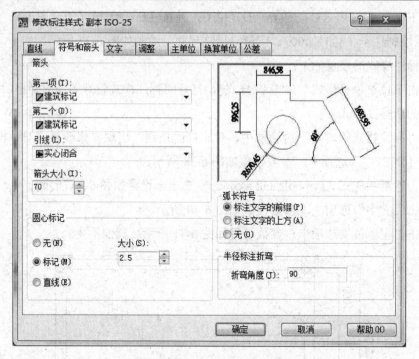

图 6-39　设置箭头式样

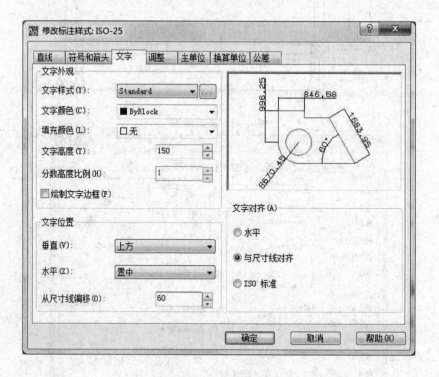

图 6-40　设置文字式样

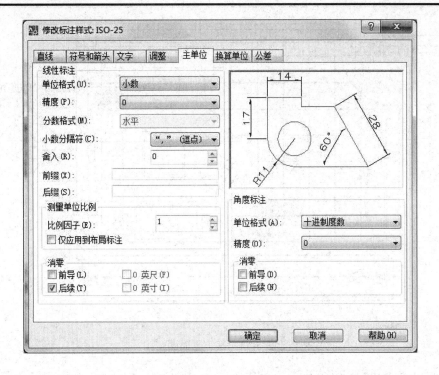

图 6-41　设置主单位

（3）执行"直线"命令，画出铺地，并用"修剪"命令进行整理。

（4）绘制沙发、茶几、电视等家具，定义成块，插入即可，其结果如图 6-42 所示。

（5）执行"TEXT"命令，标注文字说明、图名、比例。

（6）标出立面投影符号，其最后结果如图 6-43 所示。

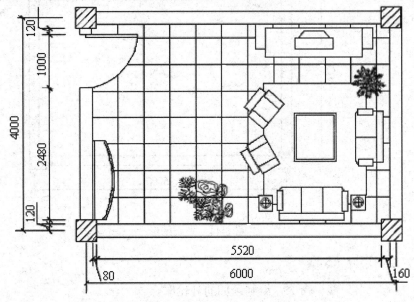

图 6-42　绘制家具

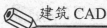

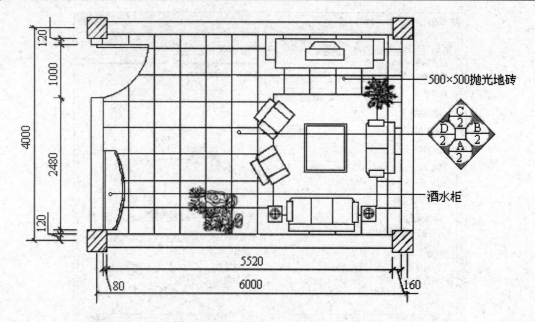

500×500抛光地砖

酒水柜

图 6-43　装饰平面图

6.5.2　装饰顶棚图绘制实例

装饰顶棚图与装饰平面图相类似，对称图形采用的是镜像的方式绘制

（1）复制装饰平面图，删除里边的家具，如图 6-44 所示。

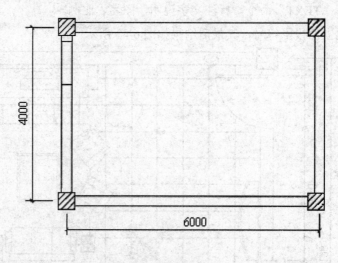

图 6-44　复制图形

（2）绘制顶棚轮廓线

➢　执行"多段线"命令，绘制顶棚的外轮廓。

➢　执行"偏移"命令，向里分别偏移 1050、50、100，得到天花图形。

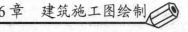

➢ 新建一个图层设置为当前层，线型为虚线，任画一条虚线，执行工具栏中的按钮，选择虚线，再选择第二条轮廓线，此时第二条轮廓线变为虚线，结果如图 6-45 所示。

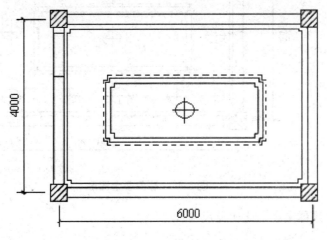

图 6-45　顶棚轮廓线

（3）绘制灯。

➢ 执行"圆"的命令（带"＋"字中心线），绘制一个半径为 150 的筒灯，放置在左下角。

➢ 执行"阵列"命令，设置参数如图 6-46 所示，删除中间多余的筒灯，在中间绘制一个半径为 250 的筒灯，结果如图 6-47 所示。

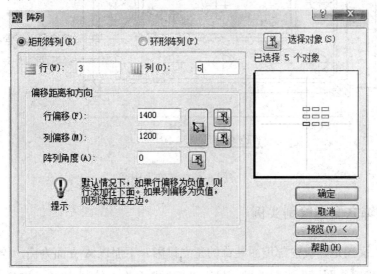

图 6-46　阵列筒灯

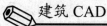

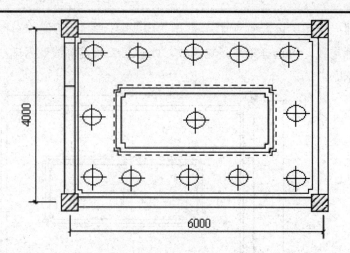

图 6-47　删除多余图形

（4）标注注释文字、比例及尺寸。

➤　执行"TEXT"命令，标注注释文字、比例。

➤　执行"线形标注"与"连续标注"命令，标注尺寸，结果如图 6-48 所示。

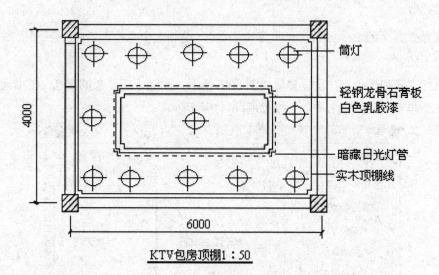

KTV包房顶棚1∶50

图 6-48　装饰顶棚图

6.5.3　装饰立面图绘制实例

装饰立面图是建筑内部墙面装饰的正立投影。下面以 A 立面为例，绘制步骤如下：

（1）设置 0 图层为当前图层，执行"矩形"命令，绘制 5700×2800 的矩形作为内墙体线，如图 6-49 所示。操作如下：

图 6-49 绘制内墙体

命令：_rectang 并按【Enter】键

指定第一个角点或[倒角（C）/标高（E）/圆角（F）/厚度（T）/宽度（W）]：用鼠标

指定另一个角点或[面积（A）/尺寸（D）/旋转（R）]：D 并按【Enter】键

指定矩形的长度<10.0000>:5700 并按【Enter】键

指定矩形的宽度<10.0000>:2800 并按【Enter】键

指定另一个脚点或[面积（A）/尺寸（D）/旋转（R）]：按【Enter】键

（2）执行"分解"命令，分解矩形。

（3）执行"偏移命令"，将左侧的竖线向右一次偏移 80、500、1260、2000、1260、500；上侧的线向下偏移 50、150、435、435、435、435、60、680，如图 6-50 所示。

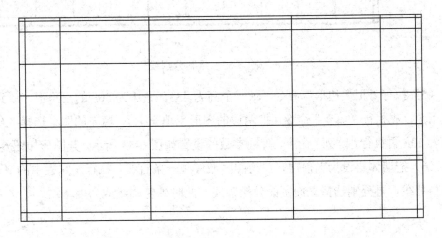

图 6-50 偏移线段

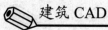

（3）执行"修剪"命令，将线条修剪为图 6-51 所示。

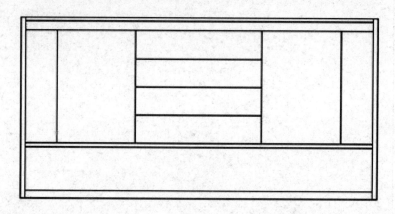

图 6-51   修剪线段

（4）执行"直线"与偏移命令，对两侧、下面的框线进行平均分成 10 等分，画出分割线，如图 6-52 所示。

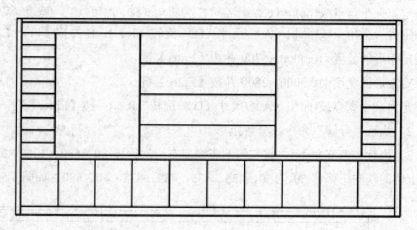

图 6-52   绘制分割线

（5）执行"正多边形"命令，画一个高为 435，底边为 500 的三角形，放到中间空格的左下角，先执行"填充"命令（把两边的图形也填充上），填充的图案选择"ANS137"，比例为 20；再执行"阵列"命令，阵列参数的设置如图 6-53 所示，其图形如图 6-54 所示。

（6）把墙体层设为当前层，在绘图区域任画一条直线，执行工具栏中的 ![按钮] 按钮，选择所画直线，再分别选择立面图的外轮廓线，此时外轮廓线成为墙体线。

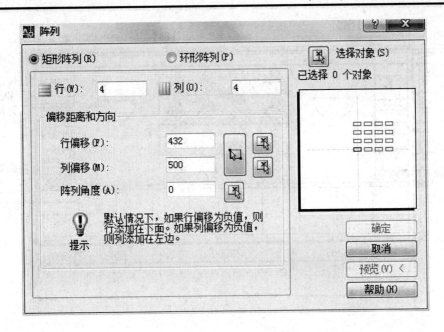

图 6-53 设置阵列参数

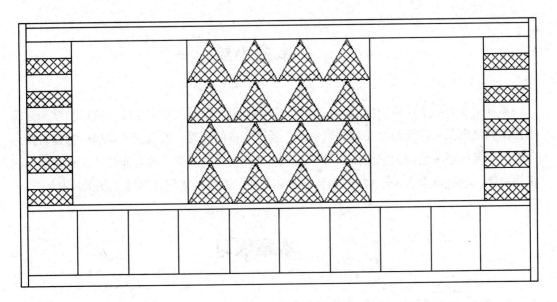

图 6-54 阵列结果

（7）执行"TEXT"命令，标注文字、比例；执行"线形标注"与"连续标注"，标注尺寸，其图形如图 6-55 所示。

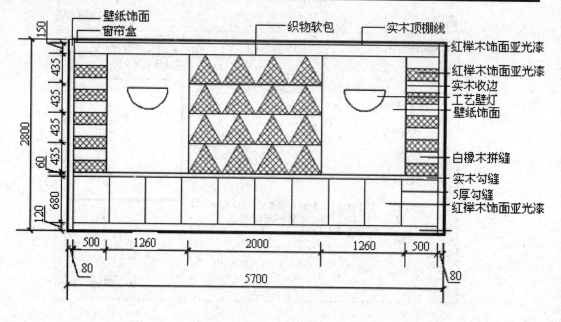

图 6-55　装饰立面图

本章小结

　　本章主要介绍了建筑平面图、立面图、剖面图和详面图的基本绘图步骤以及绘制建筑平面图和剖面图所涉及的绘图和编辑命令。通过本章的学习，读者应该掌握绘制建筑施工图时所涉及的基本绘图和编辑命令等；在通过具体实例的讲解，读者能够按照建筑制图的操作步骤，熟练运用 AutoCAD 的各种命令和技巧，熟练地掌握建筑施工图的绘制。

本章练习

　1．建筑平面图绘制内容包括哪些方面？

　2．简述平面图绘制步骤。

　3．简述建筑立面图的绘制步骤。

　4．绘制图 6-53 所示建筑平面图。

　5．绘制图 6-58 所示的装饰顶棚图。

　6．绘制图 6-65 所示装饰立面图。

第7章 天正建筑软件

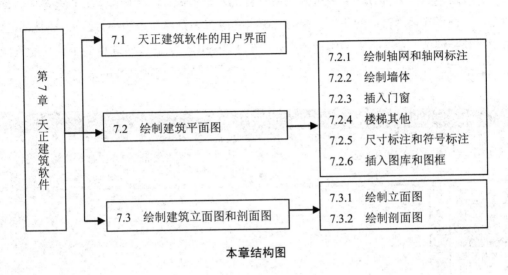

本章结构图

【本章导读】

天正建筑软件是目前国内建筑设计行业应用最为普遍的专业性软件。该软件针对绘制建筑图的特点开发，与 AutoCAD 等通用软件比较起来，用它绘制建筑图可以大大提高绘图效率。使用天正建筑软件虽然绘图速度快，但绘出的图有时并不是很准确和完善，一般需要使用 AutoCAD 来编辑和修改。因此，需要天正建筑软件和 AutoCAD 联合使用绘制建筑图。本章将结合建筑图实例详细介绍天正建筑软件的操作方法。

【本章学习目标】

➢ 了解天正建筑软件的用户界面。
➢ 掌握运用天正建筑软件绘制建筑平面图。
➢ 掌握运用天正建筑软件绘制建筑立面图和剖面图。

7.1 天正建筑软件的用户界面

北京天正工程软件有限公司是由具有建筑设计行业背景的资深专家发起成立的高新技术企业，自 1994 年开始就在 AutoCAD 图形平台成功开发了一系列建筑、暖通、电气等专业软件，是 Autodesk 公司在中国大陆的第一批注册开发商。

天正建筑用户界面如图 7-1 所示。界面保留了 AutoCAD 的所有菜单栏和工具栏，具备 AutoCAD 所有的功能。最大的区别是天正建筑软件增加了屏幕菜单，该屏幕菜单含有绘制建筑图一些专业性的命令按钮，该命令按钮都是模块化操作，操作简单方便。

天正建筑软件大部分功能都可以在命令行键入命令执行。屏幕菜单、右键菜单、键盘命令，三种形式调用命令的效果是相同。键盘命令多为菜单命令的拼音缩写。例如屏幕菜单中"绘制墙体"命令，对应键盘命令是"T71_Twall"。天正建筑软件的少数功能只能点取菜单执行，不能从命令行输入。按【Ctrl＋】组合键可关闭或打开屏幕菜单。

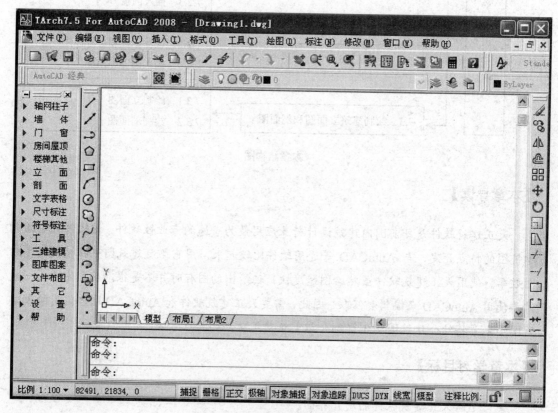

图 7-1　天正建筑软件用户界面

7.2　绘制建筑平面图

建筑平面图主要是表示建筑物水平方向、房间各组成部分组合关系和尺寸的图纸。由于建筑平面图能突出表达建筑的组成和功能关系等方面内容，因此，绘制建筑图都先绘制平面图，然后再绘制其他建筑图。平面图绘制主要包含轴线、墙体、门窗、楼梯、台阶、阳台、散水、尺寸标注、文字说明、室内家具和洁具等部分组成。

7.2.1 绘制轴网和轴网标注

1. 绘制轴网

轴线一般是建筑承重构件的定位中心线，起到定位作用。天正建筑软件的屏幕菜单有轴网柱子按钮。单击 ▶ **轴网柱子** 按钮则会展开下一级子菜单选项，如图 7-2 所示。

单击 ⊞ **绘制轴网** 图标按钮（或者输入"HZZW""后，按【Enter】键），则调出"绘制轴网"对话框，如图 7-3 所示。

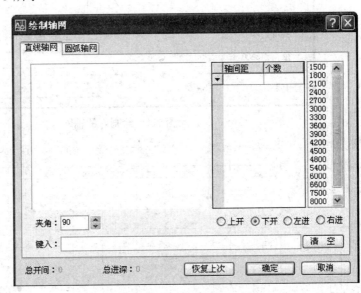

图 7-2 轴网柱子菜单   图 7-3 绘制轴网对话框

"上开"表示建筑物上部轴线开间尺寸；"下开"表示建筑物下部轴线开间尺寸；"左进"表示建筑物左侧轴线进深尺寸；"右进"表示建筑右左侧轴线进深尺寸。

输入开间和进深尺寸，如图 7-4 所示。绘制好的轴线是实线，如果要设置为点划线，可以单击 ⊥ **轴改线型** 按钮，则轴线由实线变为点划线。

2. 轴网标注

绘制好的轴网可以直接标注轴号和尺寸，单击 ⚏ **两点轴标** 按钮，选择要标注的"起始轴线"和"终止轴线"，则自动标注好轴号和轴线尺寸，如图 7-5 所示。

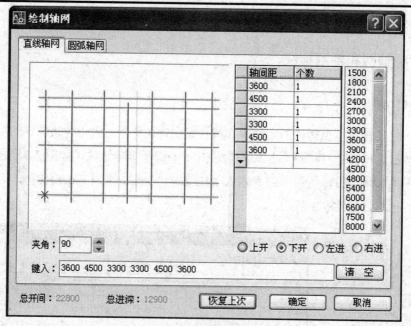

图 7-4　绘制好的轴网

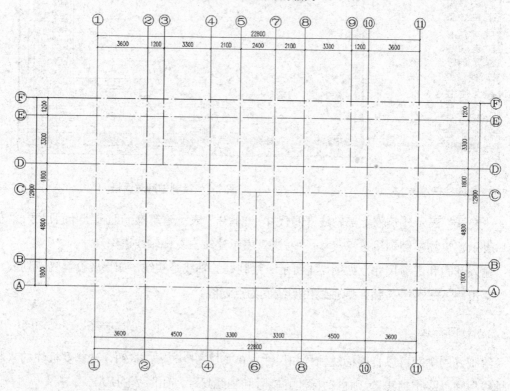

图 7-5　轴网标注

7.2.2　绘制墙体

（1）单击主菜单下的 ▼ 墙 体 下拉菜单，出现各种工具按钮，如图 7-6 所示。

（2）单击其中 ▬ 绘制墙体 按钮，弹出"绘制墙体"对话框，如图 7-7 所示。可以根据具体情况设置墙体宽度和绘制方式。

图 7-6 墙体命令菜单   图 7-7 绘制墙体对话框

本例选择绘制直墙，大部分墙体宽度 240，左宽和右宽各 120；部分卫生间和厨房墙体宽度为 120，左宽和右宽各 60。最终绘制墙体如图 7-8 所示。

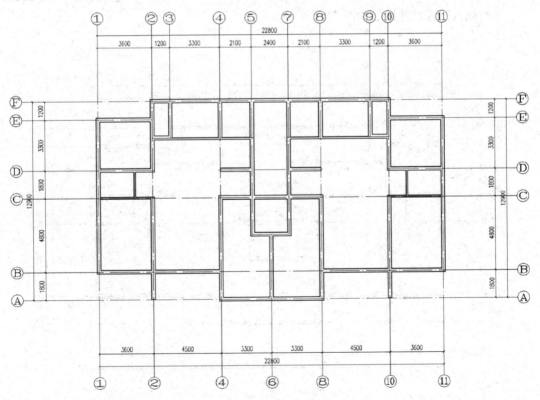

图 7-8 墙体的绘制

7.2.3 插入门窗

（1）点击 下拉菜单，会出现绘制和编辑门窗的各种工具操作命令按钮，如图 7-9 所示。

（2）点击"门窗" ，打开插入"门窗参数"对话框，如图 7-10。可以设置门窗编号、门窗尺寸、门窗样式，也提供了不同的插入方式。

图 7-9　门窗菜单

图 7-10　门窗参数

本例插入门窗具体情况如图 7-11 所示。

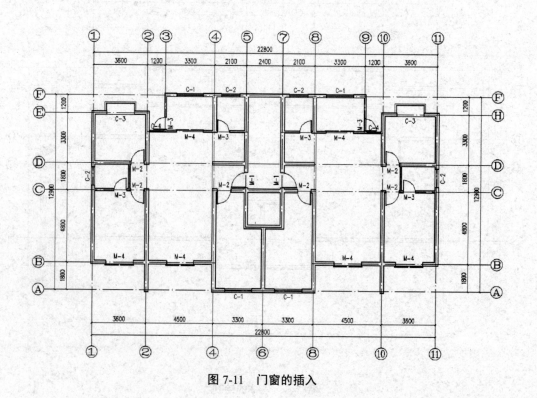

图 7-11　门窗的插入

7.2.4 楼梯其他

（1）点击 ▶ **楼梯其他** 下拉菜单，会出现各种常见楼梯和电梯、自动扶梯、阳台、台阶、坡道、散水等绘制按钮，如图 7-12 所示。

图 7-12 楼梯其他

（2）本例绘制常用的双跑楼梯，单击 ▦ **双跑楼梯** ，出现"矩形双跑梯段"对话框，如图 7-13 所示。

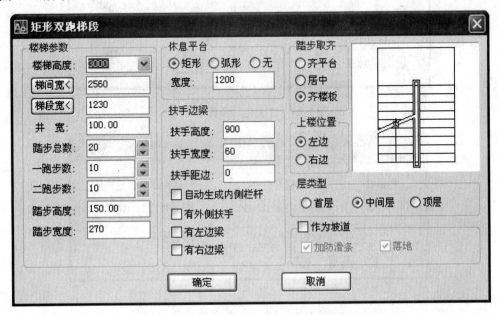

图 7-13 双跑楼梯

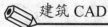

（3）分别单击电梯、阳台、台阶、坡道，会弹出"电梯参数""坡道""绘制阳台"等设置参数的对话框，分别如图 7-14、图 7-15、图 7-16 所示。

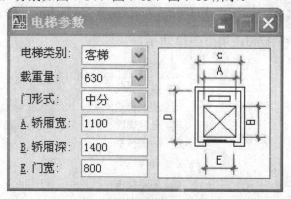

图 7-14 "电梯参数"对话框

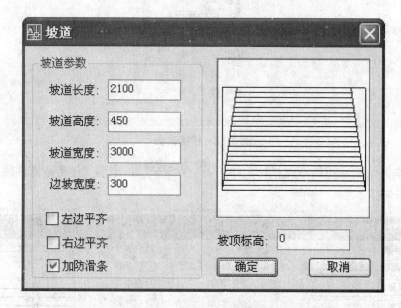

图 7-15 "坡道"参数对话框

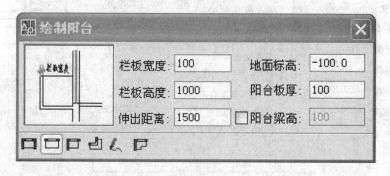

图 7-16 "阳台"参数对话框

本例绘制的楼梯、阳台、电梯效果，具体如图 7-17 所示。

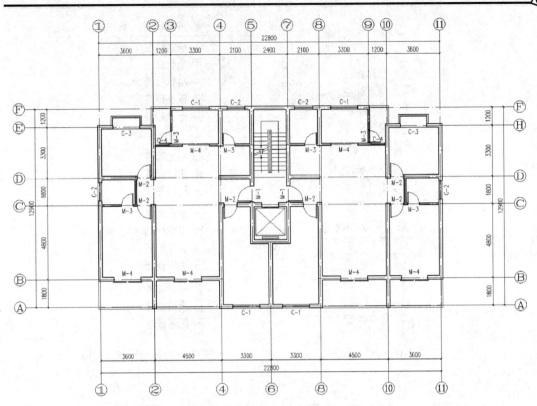

图 7-17　楼梯、阳台、电梯效果

7.2.5　尺寸标注和符号标注

1. 尺寸标注

点击 ▶ 尺寸标注 ，会显示门窗标注、墙厚标注、两点标注、内门标注、快速标注、逐点标注、直径（半径）标注、角度（弧度）标注，以及尺寸编辑和尺寸自调等操作命令，如图 7-17 所示。用户可以根据不同标注位置采用不同标注方式，也可以根据本人操作习惯来选择合适的方式。本例选用门窗标注和逐点标注等方式进行第三道尺寸线标注和内部门窗的标注，具体如图 7-18 所示。

2. 符号标注

点击 ▼ 符号标注 ，会显示坐标标注、标高标注、做法标注、剖切标注、画指北针、图名标注等符号标注，如图 7-19 所示。

7.2.6　插入图库和图框

分别打开 ▶ 图库图案 和 ▶ 文件布图 二级菜单，选择通用图库和插入图框，可以分别插入不同家具洁具和图框。最终绘制建筑平面图如图 7-20 所示。

尺寸标注		符号标注	
门窗标注		静态标注	
墙厚标注		坐标标注	
两点标注		坐标检查	
内门标注		标高标注	
快速标注		标高检查	
外包尺寸		箭头引注	
逐点标注		引出标注	
半径标注		作法标注	
直径标注		索引符号	
角度标注		索引图名	
弧长标注		剖面剖切	
尺寸编辑		断面剖切	
尺寸自调		加折断线	
○上 调○		画对称轴	
检查关闭		画指北针	
		图名标注	

图 7-18 尺寸标注   图 7-19 符号标注

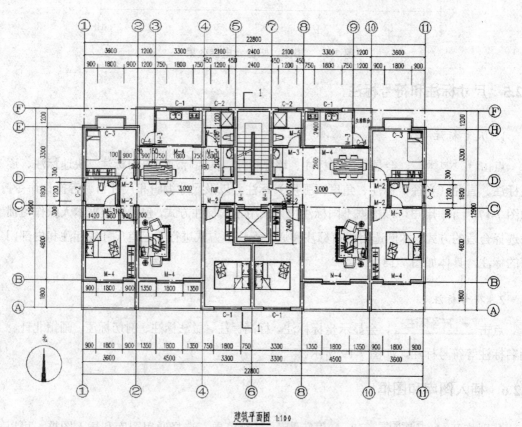

建筑平面图 1:100

图 7-20 建筑平面图

7.3　绘制建筑立面图和剖面图

建筑平面图是绘制建筑施工图的基础，通常在完成建筑平面图后，需要根据平面图来绘制建筑立面图和建筑剖面图。天正建筑软件除了绘制建筑平面图比较方便快捷以外，还可以根据画完的平面图，自动生成立面图和剖面图，然后根据实际需要对生成的立面图和剖面图做进一步调整即可。在自动生成建筑立面图和建筑剖面图之前，需要将不同楼层的平面图准确规范地绘制完毕。

7.3.1　绘制立面图

在自动生成建筑立面图和建筑剖面图之前，需要先将所有平面图进行楼层组合，具体操作步骤如下。

1. 设置基本参数

单击 **工具(T)** 下拉菜单 **选项(N)…** 命令，弹出"选项"对话框，在该对话框中进行基本参数设置，如图 7-21 所示。

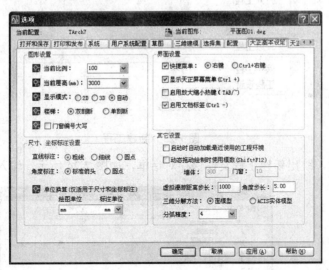

图 7-21　选项对话框

2. 创建楼层表

（1）点击 **▼ 文件布图** 主菜单，弹出"工程管理"对话框，如图 7-22 所示。

图 7-22　"工程管理"对话框

（2）单击"工程管理"，选择"新建工程"，如图 7-23 所示。

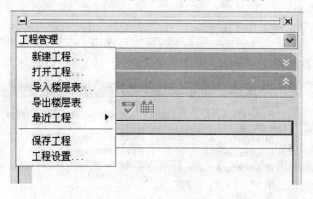

图 7-23　新建工程

（3）此时，跳出新建工程文件保存对话框，如图 7-24 所示，输入文件名"1"。

图 7-24　新建工程"另存为"

（4）依次选择楼层文件，设置层高，如图 7-25 所示。

图 7-25　选择楼层文件

3. 生成立面图

（1）点击建筑立面 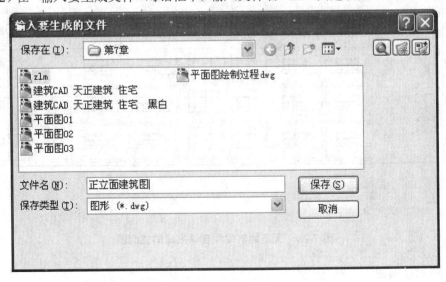，命令行提示"请输入立面方向或 [正立面（F）/背立面（B）/左立面（L）/右立面（R）]<退出>"，根据情况选择要生成的建筑立面。

（2）在"输入要生成文件"对话框中，输入文件名"正立面建筑图"，如图 7-26 所示。

图 7-26　"输入要生成的文件"对话框

（3）单击"保存"按钮，出现"立面生成设置"对话框，进行立面设置，如图 7-27 所示。

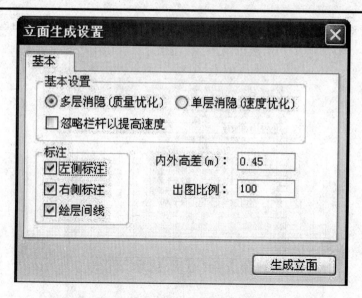

图 7-27　"立面生成设置"对话框

（4）点击"生成立面"按钮，如图 7-28 所示。

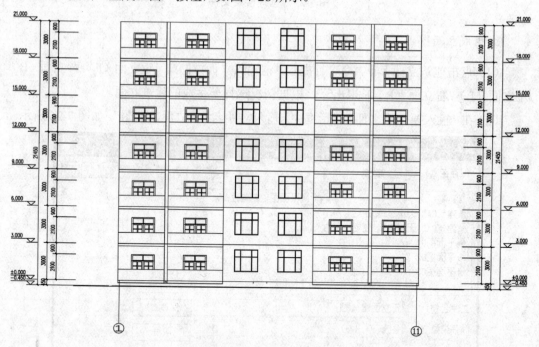

图 7-28　天正建筑软件自动生成的立面图

4. 修改立面图

虽然使用天正建筑软件命令自动生成建筑立面比较方便，但是与我们要求绘制的立面图还有一定的差距，需要用天正建筑软件的其他命令和 AutoCAD 命令进行修改，如图 7-29所示。

图 7-29　修改后的立面图

7.3.2　绘制剖面图

天正建筑软件生成剖面图和生成立面图的方法相同。

（1）在创建完楼层表后，点击 生成剖面，命令行提示"请选择一剖切线"。

（2）拾取框选择平面图上已经绘制好的剖切符号，选择剖面图要出现的轴线后按【Enter】键。

（3）在弹出的"输入要生成文件"对话框中，输入文件名"建筑剖面图"，如图 7-30 所示。

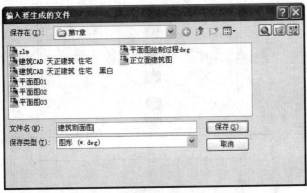

图 7-30　输入建筑剖面的文件名

（4）单击"保存"按钮，弹出"剖面生成设置"对话框，如图 7-31 所示。

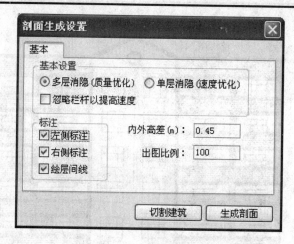

图 7-31　生成剖面

（5）设置完毕后，单击"生成剖面"按钮，则将自动生成建筑剖面图。

最终自动生成建筑剖面图，如图 7-32 所示。

同样，使用天正建筑软件命令自动生成的建筑剖面图与我们要求绘制的剖面图还有一定的差距，需要用天正建筑软件的其他命令和 AutoCAD 命令进行修改。修改后的剖面图如图 7-33 所示。

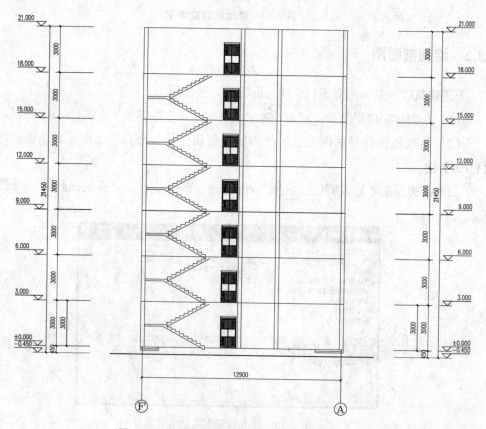

图 7-32　天正建筑软件自动生成的剖面图

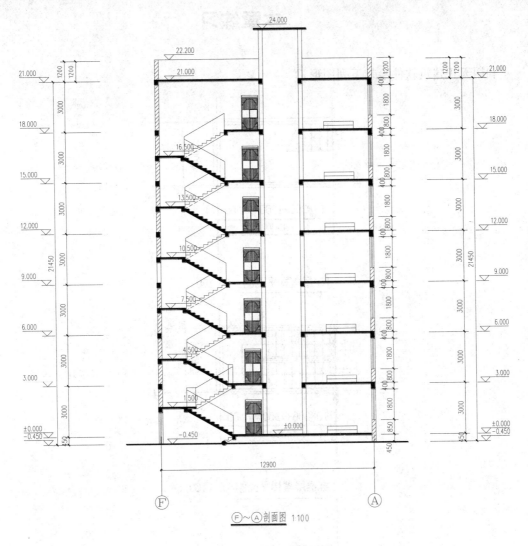

图 7-33 修改后的剖面图

本章小结

    本章主要介绍了天正建筑软件，它是针对建筑绘图而设计的，天正建筑软件将绘图模块化，具有专业化、规范化、方便化等优点，适合目前快速发展的建设行业的应用。通过本章的学习，读者应该了解天正建筑软件的用户界面；掌握运用天正建筑软件绘制建筑平面图；掌握运用天正建筑软件绘制建筑立面图和剖面图；同时要了解天正建筑软件要与AutoCAD软件一起配合使用才会更完美。

本章练习

利用天正建筑软件绘制下列图形。

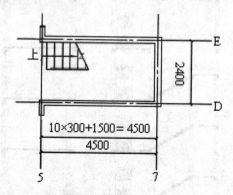

底层楼梯平面图 1：100

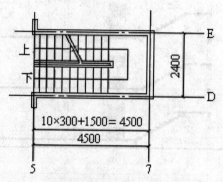

标准层楼梯平面图 1：100

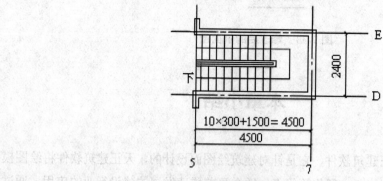

顶层楼梯平面图 1：100

第8章 建筑图中三维图形绘制与编辑

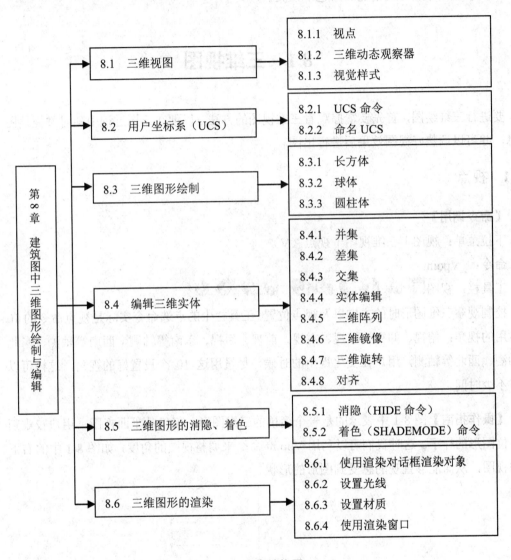

		8.1.1 视点
	8.1 三维视图	8.1.2 三维动态观察器
		8.1.3 视觉样式
	8.2 用户坐标系（UCS）	8.2.1 UCS命令
		8.2.2 命名UCS
		8.3.1 长方体
第8章 建筑图中三维图形绘制与编辑	8.3 三维图形绘制	8.3.2 球体
		8.3.3 圆柱体
		8.4.1 并集
		8.4.2 差集
		8.4.3 交集
	8.4 编辑三维实体	8.4.4 实体编辑
		8.4.5 三维阵列
		8.4.6 三维镜像
		8.4.7 三维旋转
		8.4.8 对齐
	8.5 三维图形的消隐、着色	8.5.1 消隐（HIDE命令）
		8.5.2 着色（SHADEMODE）命令
		8.6.1 使用渲染对话框渲染对象
	8.6 三维图形的渲染	8.6.2 设置光线
		8.6.3 设置材质
		8.6.4 使用渲染窗口

本章结构图

【本章导读】

AutoCAD不仅具有强大的二维绘图功能，在三维建模方面的功能也非常强大。三维造型能够直观地反映物体的外观，是大多数设计的基本要求。本章将主要介绍三维视图、用户坐标系、编辑三维实体，以及三维图形的消隐、着色与渲染。

【本章学习目标】

➢ 了解三维视图和用户坐标系（UCS）。

➢ 掌握三维图形绘制和编辑。

➢ 掌握三维图形的消隐、着色和渲染。

8.1 三维视图

要进行三维绘图，首先要掌握观看三维视图的方法，以便在绘图过程中随时掌握绘图信息，并可以调整好视图效果后进行出图。

8.1.1 视点

【命令调用】

下拉菜单：视图 | 三维视图 | 视点（V）

命令：_Vpoint

工具栏：视图

控制观察三维图形时的方向以及视点位置。工具栏中的点选命令实际是视点命令的 10 个常用的视角：俯视、仰视、左视、右视、前视、后视、东南等轴测、西南等轴测、东北等轴测、西北等轴测，用户在变化视角的时候，尽量用这 10 个设置好的视角，这样可以节省不少时间。

【操作指南】图 8-1 中表示的是一个简单的三维图形，仅仅从平面视图，用户较难判断单位图形的样子。这时我们可以利用 Vpoint 命令来调整视图的角度，如图 8-1 中的右下角的视图，从而能够直观的感受到图形的形状。

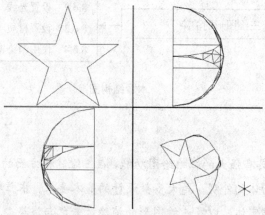

图 8-1 用 Vpoint 命令观看三维图形

命令：_Vpoint　　　　　　　　　　　//执行 Vpoint 命令

透视（PE）/平面（PL）/旋转（R））<视点><0,0,1>：

　　　　　　　　　　　//设置视点，按【Enter】键结束命令

以上各选项含义和功能说明如下：

视点：以一个三维点来定义观察视图方向的矢量，方向为从指定的点指向原点（0,0,0）。

透视（PE）：打开或关闭"透视"模式。

平面（P）：以当前平面为观察方向，查看三维图形。

旋转（R）：指定观察方向与 XY 平面中 X 轴的夹角，以及与 XY 平面的夹角两个角度，确定新的观察方向。

在运行 Vpoint 命令后，直接按【Enter】键，会出现图 8-2 的设置对话框，用户可以通过对话框内的内容设置视点的位置。

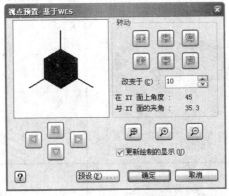

图 8-2　设置视点对话框

8.1.2　三维动态观察器

【命令调用】

下拉菜单：视图｜三维动态观察器（B）

命令：_Rtrot

工具栏：三维动态观察器｜三维动态观察

进入三维动态观察模式，控制在三维空间交互查看对象。该命令可使用户同时从 X、Y、Z 三个方向动态观察对象。

【操作指南】用户在不确定使用何种角度观察的时候，可以用该命令，因为该命令提供了实时观察的功能，用户可以随意用鼠标来改变视点，直到达到需要的视角时退出该命令，继续编辑。

当 RTROT 处于活动状态时，显示三维动态观察光标图标，视点的位置将随着光标的移动而发生变化，视图的目标将保持静止，视点围绕目标移动。如果水平拖动光标，视点

将平行于世界坐标系 （WCS） 的 XY 平面移动。如果垂直拖动光标，视点将沿 Z 轴移动。

也可分别使用 RTROTX、RTROTY、RTROTZ 命令，分别从 X、Y、Z 三个方向观察对象。RTROT 命令处于活动状态时，无法编辑对象。

8.1.3 视觉样式

【命令调用】

下拉菜单：视图 | 视觉样式

命令：_Shademode

设置当前视口的视觉样式。视觉样式示意图如图 8-3 所示。

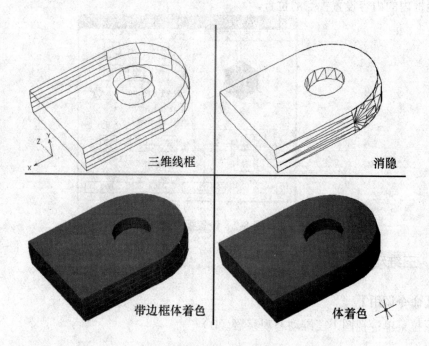

图 8-3　视觉样式示意图

【操作指南】针对当前视口，可进行如下操作来改变视觉样式。

命令：_Shademode　　　　　　　　　　　　　　　　// 执行 Shademode 命令

输入选项[二维线框（2D）/三维线框（3D）/消隐（H）/平面着色（F）/体着色（G）/带边框平面着色（L）/带边框体着色（O）]<体着色>: //选择视觉样式后回车结束命令

以上各选项含义和功能说明如下：

> **二维线框（2D）**：显示用直线和曲线表示边界的对象。光栅和 OLE 对象、线型和线宽都是可见的。

> **三维线框（3D）**：显示用直线和曲线表示边界的对象。

> - **消隐（H）**：显示用三维线框表示的对象并隐藏表示后面被遮挡的直线。
> - **平面着色（F）**：在多边形面之间着色对象。此对象比体着色的对象平淡和粗糙。
> - **体着色（G）**：着色多边形平面间的对象，并使对象的边平滑化。着色的对象外观较平滑和真实。
> - **带边框平面着色（L）**：结合"平面着色"和"线框"选项。对象被平面着色，同时显示线框。
> - **带边框体着色（O）**：结合"体着色"和"线框"选项。对象被体着色，同时显示线框。

8.2 用户坐标系

在三维制图的过程中，往往需要确定 XY 平面，在很多情况下，单位实体的建立是在 XY 平面上产生的。所以，在应用用户坐标系（UCS）绘制三维图形的过程中，会根据绘制图形的要求，进行不断的设置和变更，这比绘制二维图形要频繁很多，正确地建立用户坐标系是建立 3D 模型的关键。

8.2.1 UCS 命令

【命令调用】

菜下拉单：工具｜新建 UCS（W）

命令：_UCS

工具栏：UCS｜UCS

用于坐标输入、操作平面和观察的一种可移动的坐标系统。

【操作指南】如图 8-4a 所示，把该图中的原点与 C 点重合，X 轴方向为 CA 方向，Y 轴方向为 CB 方向，如图 8-4b 所示。

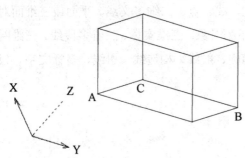
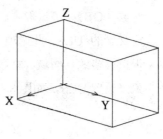

a   b

图 8-4 用 Vpoint 命令观看三维图形

命令：_UCS   // 执行 UCS 命令

指定 UCS 的原点（O）/面（F）/?/对象（OB）/上一个（P）/视图（V）/世界（W）/3 点（3）/

新建（N）/移动（M）/删除（D）/正交（G）/还原（R）/保存（S）/X/Y/Z/Z 轴（ZA）/<世界>：

输入：3   // 选择 3 点确定方式

新原点<0,0,0>：点选点 C   // 指定原点

正 X 轴上点

<4.23,13.8709,13.4118>：点选点 A   // 指定 X 轴方向

X-Y 面上正 Y 值的点

<3.23,14.8709,13.4118>：点选点 B   // 指定 Y 轴方向

以上各选项含义和功能说明如下：

➢ **原点（O）：** 只改变当前用户坐标系统的原点位置，X、Y 轴方向保持不变，创建新的 UCS，如图 8-5 所示。

➢ **面（F）：** 指定三维实体的一个面，使 UCS 与之对齐。可通过在面的边界内或面所在的边上单击以选择三维实体的一个面，亮显被选中的面。UCS 的 X 轴将与选择的第一个面上选择点最近的边对齐。

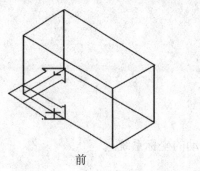
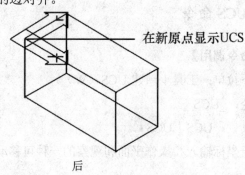

在新原点显示UCS

前   后

图 8-5　UCS 设置原点

➢ **对象（OB）：** 可选取弧、圆、标注、线、点、二维多义线、平面或三维面对象来定义新的 UCS。此选项不能用于下列对象：三维实体、三维多段线、三维网格、视口、多线、面域、样条曲线、椭圆、射线、构造线、引线、多行文字。根据对象来设置 UCS，如图 8-6 所示。

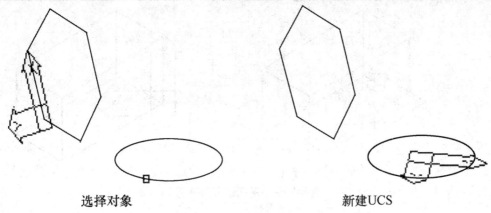

選択対象　　　　　　　　　　　　　新建UCS

图 8-6　选择对象设置 UCS

根据选择对象的不同，UCS 坐标系的方向也有所不同，具体如表 8-1 所示。

表 8-1　UCS 坐标系方向的选取

圆弧	新 UCS 的原点为圆弧的圆心。X 轴通过距离选择点最近的圆弧端点
圆	新 UCS 的原点为圆的圆心。X 轴通过选择点
标注	新 UCS 的原点为标注文字的中点。新 X 轴的方向平行于当绘制该标注时生效的 UCS 的 X 轴
直线	离选择点最近的端点成为新 UCS 的原点。系统选择新的 X 轴，使该直线位于新 UCS 的 XZ 平面上。该直线的第二个端点在新坐标系中，Y 坐标为零
点	该点成为新 UCS 的原点
二维多段线	多段线的起点成为新 UCS 的原点。X 轴沿从起点到下一顶点的线段延伸
实体	二维实体的第一点确定新 UCS 的原点。新 X 轴沿前两点之间的连线方向
宽线	宽线的"起点"成为新 UCS 的原点，X 轴沿宽线的中心线方向
三维面	取第一点作为新 UCS 的原点，X 轴沿前两点的连线方向，Y 的正方向取自第一点和第四点。Z 轴由右手定则确定
形、块 参照、属性定义	该对象的插入点成为新 UCS 的原点，新 X 轴由对象绕其拉伸方向旋转定义。用于建立新 UCS 的对象在新 UCS 中的旋转角度为零

> **上一个（P）**：取回上一个 UCS 定义。
> **视图（V）**：以平行于屏幕的平面为 XY 平面，建立新的坐标系。UCS 原点保持不变，设置 UCS 视图方向如图 8-7 所示。

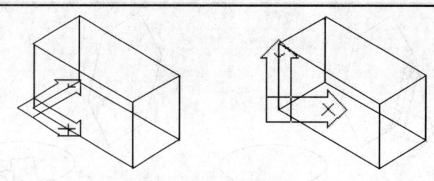

图 8-7 用当前视图方向设置 UCS

> **世界（W）**：设置当前用户坐标系统为世界坐标系。世界坐标系 WCS 是所有用户坐标系的基准，不能被修改。

> **3 点（3）**：指定新的原点以及 X、Y 轴的正方向。

> **正交（G）**：以系统提供的六个正交 UCS 之一为当前 UCS。正交视图方向示意图如图 8-8 所示。

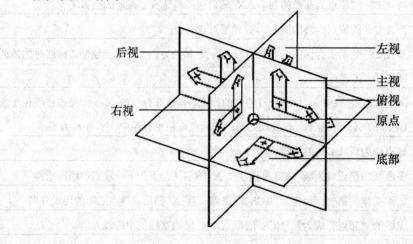

图 8-8　正交视图方向示意图

> **新建（N）**：定义新的坐标系。

> **移动（M）**：移动当前 UCS 的原点或修改当前 UCS 的 Z 轴深度值，XY 平面的方向不发生改变

> **删除（D）**：删除已储存的坐标系统。

> **还原（R）**：取回已储存的 UCS，使之成为当前用户坐标系。

> **保存（S）**：保存当前 UCS 设置，并指定名称。

> **X、Y、Z**：绕著指定的轴旋转当前的 UCS，以创建新的 UCS。坐标系旋转示意图如图 8-9 所示。

> **Z 轴（ZA）**：以特定的正向 Z 轴来定义新的 UCS。

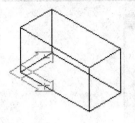 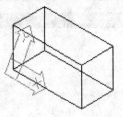 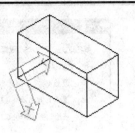 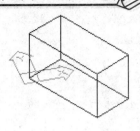

世界坐标系　　　　绕 X 轴旋转 60 度　　　　绕 Y 轴旋转 60 度　　　　绕 Z 轴旋转 60 度

图 8-9　坐标系旋转示意图

8.2.2　命名 UCS

【命令调用】

下拉菜单：工具 | 命名 UCS（U）

命令：_DdUCS

工具栏：UCS | 显示 UCS 对话框 ⛶

【操作指南】命名 UCS 是 UCS 命令的辅助，通过命名 UCS 可以对以下三个方面进行设置：

> "命名 UCS"选项卡，显示当前图形中所设定的所有 UCS，并提供详细的信息查询，如图 8-10 所示。可选择其中需要的 UCS 坐标置为当前使用。

> "正交 UCS"选项卡，列出相对于目前 UCS 的 6 个正交坐标系，有详细信息供查询，并提供置为当前功能，如图 8-11 所示。

> "设置"选项卡，提供 UCS 的一些基础设定内同，如图 8-12 所示。一般情况下，没有特殊需要，不需要调整该设定。

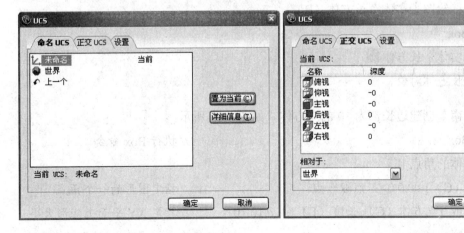

图 8-10　"命名 UCS"显示和设置　　　　图 8-11　"正交 UCS"显示和设置

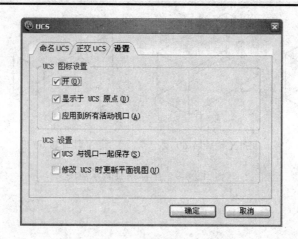

图 8-12　UCS 的基本设置

8.3　三维图形绘制

在 AutoCAD 中，最基本的实体对象包括多段体、长方体、楔体、圆锥体、球体、圆柱体、圆环体及棱锥面。在"功能区"选项板中选择"常用"选项卡，在"建模"面板中单击相应的按钮，或在快速访问工具栏选择"显示菜单栏"命令，在弹出的菜单中选择"绘图""建模"子命令来创建。下面以长方体、球体、圆柱体为例进行三维图形绘制。

8.3.1　长方体

【命令调用】

下拉菜单：绘图 | 实体 | 长方体（B）

命令：_Box

工具栏：实体 | 长方体

创建三维长方体对象。

【操作指南】创建边长都为 10 的立方体，如图 8-13 所示。

命令：_Box　　　　　　　　　　　　　　　　// 执行 Box 命令

指定长方体的角点

或 [中心（C）] <0,0,0>：点取一点　　　　　// 指定图形的一个角点

指定角点或 [立方体（C）/长度（L）]：@10,10　// 指定 XY 平面上矩形大小

长方体高度：10　　　　　　　　　　　　　// 指定高度，按【Enter 键】结束命令

以上各选项含义和功能说明如下：

➢　**长方体的角点**：指定长方体的第一个角点。

> **中心（C）**：通过指定长方体的中心点绘制长方体。

> **立方体（C）**：指定长方体的长、宽、高都为相同长度。

> **长度（L）**：通过指定长方体的长、宽、高来创建三维长方体。

若输入的长度值或坐标值是正值，则以当前 UCS 坐标的 X、Y、Z 轴的正向创建立图形；若为负值，则以 X、Y、Z 轴的负向创建立图形。

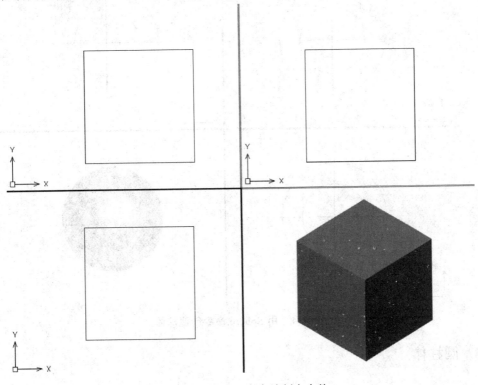

图 8-13　用 Box 命令绘制立方体

8.3.2　球体

【命令调用】

下拉菜单：绘图｜实体｜球体（S）

命令：_Sphere

工具栏：实体｜球体

绘制三维球体对象。默认情况下，球体的中心轴平行于当前用户坐标系（UCS）的 Z 轴，纬线与 XY 平面平行。

【操作指南】创建半径为 10 的球体，如图 8-14。

命令：Sphere　　　　　　　　　　　　//执行 Sphere 命令

球体中心：点选一点　　　　　　　　　//指定球心位置

指定球体半径或 [直径（D）]：10　　　//指定半径值，按【Enter】键结束命令以上各选项含义和功能说明如下：

➢ **球体半径（R）：** 绘制基于球体中心和球体半径的球体对象。

➢ **直径（D）：** 绘制基于球体中心和球体直径的球体对象。

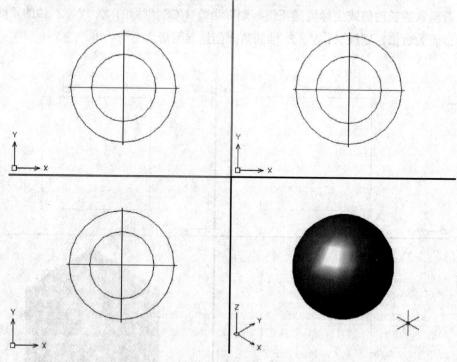

图 8-14 用 Sphere 命令创建球体

8.3.3 圆柱体

【命令调用】

下拉菜单：绘图｜实体｜圆柱体（C）

命令：_Cylinder

工具栏：实体｜圆柱体

创建三维圆柱体实体对象。

【操作指南】 创建半径为 10、高度为 10 的圆柱体，如图 8-15。

命令：_Cylinder   // 执行 Cylinder 命令

指定圆柱体底面的中心点或 [椭圆（E）] <0,0,0>：点取一点   // 指定圆心

指定圆柱体半径或 [直径（D）]：10   // 指定圆半径

指定圆柱体高度或 [中心（C）]：10   // 指定圆柱高度，按【Enter】键结束命令

以上各选项含义和功能说明如下：

➢ **圆柱体底面的中心点：** 通过指定圆柱体底面圆的圆心来创建圆柱体对象。

➢ **椭圆（E）：** 绘制底面为椭圆的三维圆柱体对象。

若输入的高度值是正值，则以当前 UCS 坐标的 Z 轴的正向创建立图形；若为负值，则以 Z 轴的负向创建立图形。

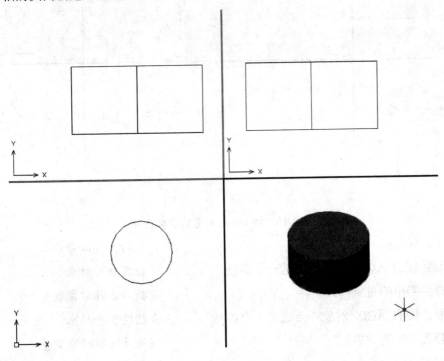

图 8-15　用 Cylinder 命令创建圆柱体

8.4　编辑三维实体

8.4.1　并集

【命令调用】

下拉菜单：修改｜实体编辑｜并集（U）

命令：_Union

工具栏：实体编辑｜并集

通过两个或多个实体或面域的公共部分将两个或多个实体或面域合并为一个整体。得到的组合实体包括所有选定实体所封闭的空间。得到的组合面域包括子集中所有面域所封闭的面积。

【操作指南】图 8-16a 中两个圆柱体垂直相交，用并集命令将这两个实体合为一个整体，结果如图 8-16b 所示。

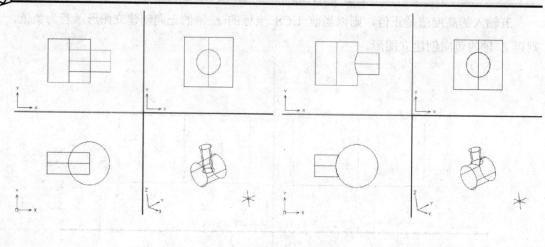

a   b

图 8-16   用 Union 命令将实体合并

命令：Union   //执行 Union 命令

选取连接的 ACIS 对象：点选一个圆柱   // 指定合并对象

选择集当中的对象：1   //提示选择对象数量

选取连接的 ACIS 对象：点选另一个圆柱   // 指定合并对象

选择集当中的对象：2   //提示选择对象数量

选取连接的 ACIS 对象：   // 按【Enter】键结束命令

8.4.2   差集

【命令调用】

菜单：│修改│实体编辑│差集（S）

命令：_Subtract

工具栏：实体编辑│差集 ⬤⬤

将多个重叠的实体或面域对象通过"减"操作合并为一个整体对象。

【操作指南】图 8-17a 中大的圆柱体和小的圆柱体相交，利用差集命令，将大圆柱体减去小圆柱体，达到在大圆柱体上打孔的效果，结果如图 8-17b 所示。

命令：Subtract   //执行 Subtract 命令

选择从中减去的 ACIS 对象：选择大圆柱体   //选择需要留下的对象

选择集当中的对象：1   //提示选择对象数量

选择从中减去的 ACIS 对象：   //按【Enter】键结束选择留下的对象

选择用来减的 ACIS 对象：选择小圆柱体   //选择除去的对象

选择集当中的对象：1   //提示选择对象数量

选择用来减的 ACIS 对象：   ‖按【Enter】键结束命令

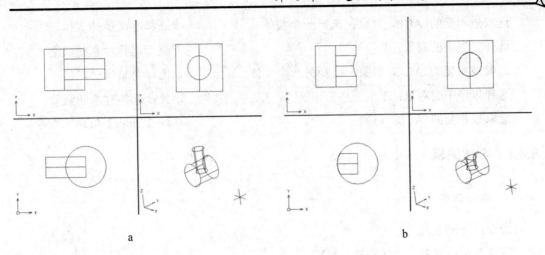

a   b

图 8-17 用 Subtract 命令将大圆柱体打孔

8.4.3 交集

【命令调用】

下拉菜单：修改｜实体编辑｜交集（S）

命令：_Intersect

工具栏：实体编辑｜交集

选取两个或多个实体或面域的相交的公共部分交集，创建复合实体或面域，并删除交集以外的部分。

【操作指南】将图 8-18a 中两实体相交部分形成新的实体同时删除多余部分，结果如图 8-18b 所示。

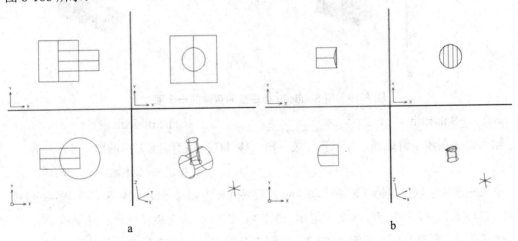

a   b

图 8-18 用 Intersect 命令留下实体相交部分

命令：Intersect   // 执行 Intersect 命令

选取被相交的 ACIS 对象：选择一个实体	//选择要编辑的实体
选择集当中的对象：1	//提示选择对象的数量
选取被相交的 ACIS 对象：选择另一个实体	//选择要编辑的实体
选择集当中的对象：2	//提示选择对象的数量
选取被相交的 ACIS 对象：	//按【Enter】键结束命令

8.4.4 实体编辑

1. 命令调用

命令：_Solidedit

下拉菜单：修改 | 实体编辑（N）

对实体对象的面和边进行拉伸、移动、旋转、偏移、倾斜、复制、着色、分割、抽壳、清除、检查或删除等操作。

2. 操作指南

将图 8-19a 中实体的一个面进行拉伸，结果如图 8-19b 所示。

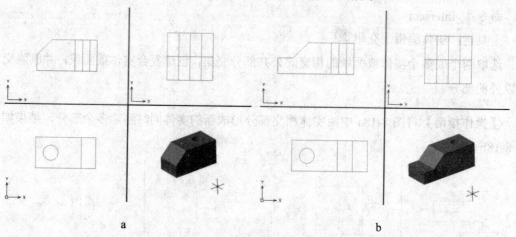

图 8-19　用 Solidedit 命令拉伸实体的一个面

命令：_Solidedit　　　　　　　　　　　　　　　// 执行 Solidedit 命令

输入一个实体编辑选项：面（F）/边（E）/体（B）/放弃（U）/<退出（X）>：F

　　　　　　　　　　　　　　　　　　　// 指定对实体的面进行编辑

输入面编辑选项：拉伸（E）/移动（M）/旋转（R）/偏移（O）/倾斜（T）/删除（D）/复制（C）/着色（L）/放弃（U）/<退出（X）>：E　　// 指定进行拉伸操作

选择面或 [删除（R）/撤消（U）]：找到 1 个面　　// 选择要拉伸的面

选择面或 [删除（R）/撤消（U）/选择全部（A）]：　// 按【Enter】键结束对象选择

指定拉伸高度或拉伸路径（P）：5　　　　　　　// 指定拉伸长度

指定拉伸的倾斜角度 <0>：0　　　　　　　　　　　　　　// 指定倾角

输入面编辑选项：拉伸（E）/移动（M）/旋转（R）/偏移（O）/倾斜（T）/删除（D）/复制（C）/着色（L）/放弃（U）/<退出（X）>：　　　　// 按【Enter】键结束编辑

输入一个实体编辑选项：面（F）/边（E）/体（B）/放弃（U）/<退出（X）>：

// 按【Enter】键命令

以上各选项含义和功能说明如下：

➢　**面（F）**：编辑三维实体的面。

➢　**拉伸（E）**：将选取的三维实体对象面拉伸指定的高度或按指定的路径拉伸。

➢　**移动（M）**：以指定距离移动选定的三维实体对象的面。用 Solidedit 命令移动面，
　　如图 8-20 所示。

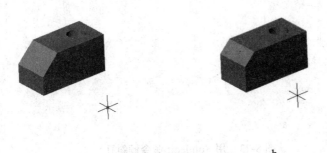

a   b

图 8-20　用 Solidedit 命令移动面

➢　**旋转（R）**：将选取的面围绕指定的轴旋转一定角度。用 Solidedit 命令旋转面，如
　　图 8-21 所示。

➢　**偏移（O）**：将选取的面以指定的距离偏移。用 Solidedit 命令偏移孔，如图 8-22
　　所示。

➢　**倾斜（T）**：以一条轴为基准，将选取的面倾斜一定的角度。用 Solidedit 命令倾斜
　　孔，如图 8-23 所示。

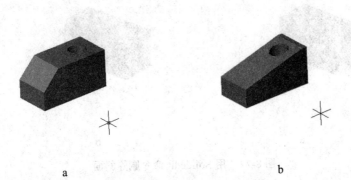

a   b

图 8-21　用 Solidedit 命令旋转面

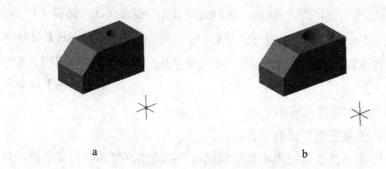

a   b

图 8-22 用 Solidedit 命令偏移孔

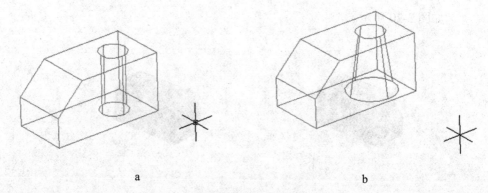

a   b

图 8-23 用 Solidedit 命令倾斜孔

> **删除（D）**：删除选取的面。用 Solidedit 命令删除斜面，如图 8-24 所示。
> **复制（C）**：复制选取的面到指定的位置。用 Solidedit 命令复制面，如图 8-25 所示。
> **着色（L）**：为选取的面指定线框的颜色。
> **边（E）**：编辑或修改三维实体对象的边。可对边进行的操作有复制、着色。
> **体（B）**：对整个实体对象进行编辑。

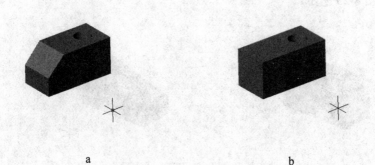

a   b

图 8-24 用 Solidedit 命令删除斜面

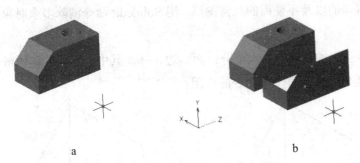

a　　　　　　　　　　　　b

图 8-25　用 Solidedit 命令复制面

➢ **压印**：选取一个对象，将其压印在一个实体对象上。但前提条件是，被压印的对象必须与实体对象的一个或多个面相交。可选取的对象包括：圆弧、圆、直线、二维和三维多段线、椭圆、样条曲线、面域、体及三维实体。用 Solidedit 命令压印如图 8-26 所示。

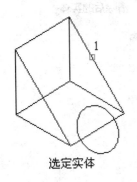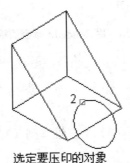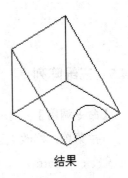

选定实体　　　　　　选定要压印的对象　　　　　　结果

图 8-26　用 Solidedit 命令压印

➢ **分割实体**：将选取的三维实体对象用不相连的体分割为几个独立的三维实体对象。注意只能分割不相连的实体，分割相连的实体用"剖切"命令。

➢ **抽壳**：以指定厚度创建一个空的薄层。抽壳时输入的偏移距离，值为正，则从外开始抽壳；若为负，则从内开始抽壳。用 Solidedit 命令抽壳如图 8-27 所示。

选定对象　　　　　抽壳距离为 10　　　　　抽壳距离为−10

图 8-27　用 Solidedit 命令抽壳

> ➤ **清除：**删除与选取的实体有交点的，或共用一条边的顶点。删除所有多余的边和顶点、压印的以及不使用的几何图形。用 Solidedit 命令清除多余对象，如图 8-28 所示。

Solidedit 命令包含的内容有三大部分：面、边、体。其中，对面的编辑最为常用，也最为复杂，用户要仔细体会每个小命令的作用。

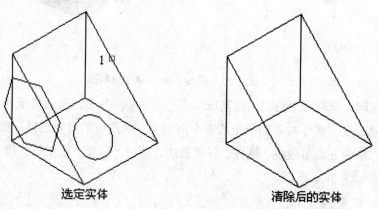

选定实体 　　　　　　　　　清除后的实体

图 8-28　用 Solidedit 命令清除多余对象

8.4.5　三维阵列

【命令调用】

下拉菜单：修改｜三维操作（3）｜三维阵列（3）

命令：_3darray

在立体空间中创建三维阵列，复制多个对象。

【操作指南】将图 8-29a 中的实体按 3 行、3 列、3 层进行矩形阵列，结果如图 8-29b 所示。

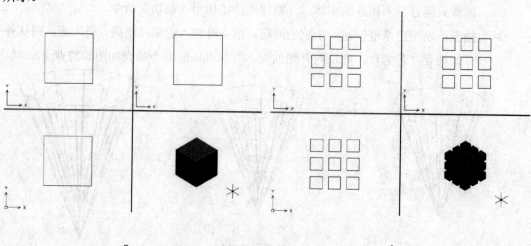

a 　　　　　　　　　　　　　　　b

图 8-29　用 3darray 命令进行三维阵列

命令：_3darray	// 执行 3darray 命令
选取阵列对象：点选立方体	// 选择需阵列对象
选择集当中的对象：1	// 提示选择对象数量
选取阵列对象：	// 按【Enter】键结束对象选择
阵列样式：环形（P）/中心（C）/<矩形（R）>：R	// 选择矩形阵列
阵列的行数 <1>：3	// 指定行数
列数<1>：3	// 指定列数
层次数 <1>：3	// 指定层数
指定行间距：15	// 指定行间距
指定列间距：15	// 指定列间距
层次的深度：15	// 指定层间距，按【Enter】键结束命令

以上各选项含义和功能说明如下：

➢ **环形阵列（P）：** 依指定的轴线产生复制对象。

➢ **矩形阵列（R）：** 对象以三维矩形（列、行和层）样式在立体空间中复制。一个阵列必须具有至少两个行、列或层。

8.4.6　三维镜像

【命令调用】

下拉菜单：修改｜三维操作（3）三维镜像（M）

命令：_Mirror3d

以一平面为基准，创建选取对象的反射副本。

【操作指南】将图 8-30a 中的实体按端面部分进行镜像，使之成为一个对称的管路，结果如图 8-30b 所示。

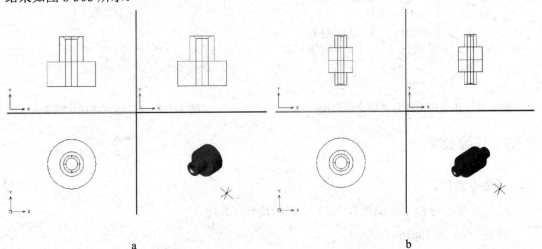

a   b

图 8-30　用 Mirror3d 命令进行三维镜像

命令：_Mirror3d　　　　　　　　　　　　// 执行 Mirror3d 命令

选择对象：点选实体　　　　　　　　　　∥ 指定需镜像的对象

选择集当中的对象：1　　　　　　　　　　∥ 提示选择对象数量

选择对象：　　　　　　　　　　　　　　∥ 按【Enter】键结束选择对象

确定镜面平面：对象（E）/上次（L）/视图（V）/Z 轴（Z）/X-Y 面（XY）/Y-Z 面（YZ）

/Z-X 面（ZX）/<3 点面（3）>：　　　　　∥ 点选镜像面上一点

面上第二点：　　　　　　　　　　　　　∥ 点选镜像面上第二点

面上第叁点：　　　　　　　　　　　　　∥ 点选镜像面上第三点

删除原来对象?<否（N）>　　　　　　　∥ 按【Enter】键结束命令

以上各选项含义和功能说明如下：

> **3 点面**：通过指定三个点来确定镜像平面。

> **对象（E）**：以对象作为镜像平面创建三维镜像副本。用选择对象方式确定镜像面
> 如图 8-31 所示。

> **上次（L）**：以最近一次指定的镜像平面为本次创建三维镜像所需要的镜像平面。

> **视图（V）**：以当前视图的观测平面来镜像对象。

> **Z 轴（Z）**：以平面上的一点和垂直于平面的法线上的一点来定义镜像平面。用法
> 线方式确定镜像面，如图 8-32 所示。

> **X-Y 面、Y-Z 面、Z-X 面**：以 xy、yz 或 zx 平面来定义镜像平面。

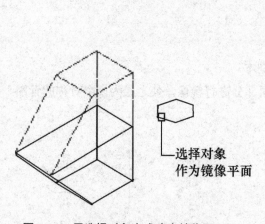

图 8-31　用选择对象方式确定镜像面

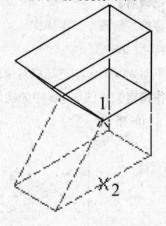

图 8-32　用法线方式确定镜像面

8.4.7　三维旋转

【命令调用】

下拉菜单：修改｜三维操作（3）｜三维旋转（R）

命令行：_Rotate3d

绕着三维的轴旋转对象。

【操作指南】将图 8-33a 中的实体以 AB 为轴，旋转 30°，结果如图 8-33b 所示。

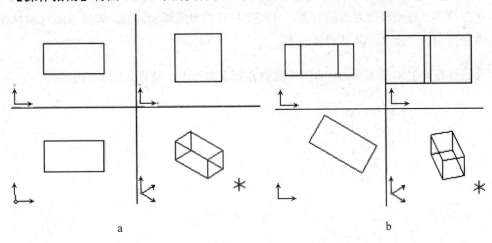

图 8-33　用 Rotate3d 命令进行三维旋转

命令：_Rotate3d　　　　　　　　　　　// 执行 Rotate3d 命令

选择旋转对象：选择长方体　　　　　　　// 选择旋转对象

选择集当中的对象：1　　　　　　　　　// 提示选择对象数量

选择旋转对象：　　　　　　　　　　　// 按【Enter】键结束对象选择

指定轴上的第一点或定义轴依据 [对象（O）/上次（L）/视图（V）/X 轴（X）/Y 轴（Y）/Z 轴（Z）/两点（2）]：点选点 A

指定轴上的第二点：点选点 B　　　　　// 两点确定旋转轴

指定旋转角度或 [参照（R）]：30　　　// 指定旋转角度，按【Enter】键结束命令

以上各选项含义和功能说明如下：

➢ **2 点**：通过指定两个点定义旋转轴。

➢ **对象（E）**：选择与对象对齐的旋转轴。

➢ **上次（L）**：以上次使用 Rotate3d 命令定义的旋转轴为此次旋转的旋转轴。

➢ **视图（V）**：将旋转轴与当前通过指定的视图方向轴上的点所在视口的观察方向对齐。

➢ **X 轴**：将旋转轴与指定点所在坐标系统 UCS 的 X 轴对齐。

➢ **Y 轴**：将旋转轴与指定点所在坐标系统 UCS 的 Y 轴对齐。

➢ **Z 轴**：将旋转轴与指定点所在坐标系统 UCS 的 Z 轴对齐。

8.4.8　对齐

【命令调用】

下拉菜单：修改｜三维操作（3）｜对齐（L）

命令：_Align

在二维和三维选择要对齐的对象，并向要对齐的对象添加源点，向要与源对象对齐的对象添加目标点，使之与其他对象对齐。

【操作指南】将图 8-34a 中的四棱锥对齐到立方体上，结果如图 8-34b 所示。

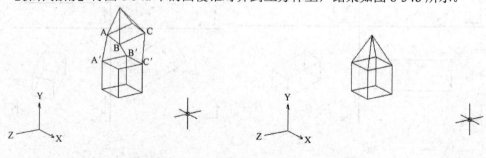

图 8-34　用 Align 命令让两实体对齐

命令：_Align	// 执行 Align 命令
选择对象：选择锥体	// 选择要移动的对象
选择集当中的对象： 1	// 提示选择对象数量
选择对象：	// 按【Enter】键结束对象选择
指定第一个源点：点选点 A	
指定第一个目标点：点选点 A'	
指定第二个源点：点选点 B	
指定第二个目标点：点选点 B'	
指定第叁个源点：点选点 C	
指定第叁个目标点：点选点 C'	// 按【Enter】键结束命令

对齐命令在二维绘图的时候也可以使用。要对齐某个对象，最多可以给对象添加三对源点和目标点。用 Align 命令只选择一对点的情况如图 8-35 所示；用 Align 命令选择两对点的情况如图 8-36 所示。

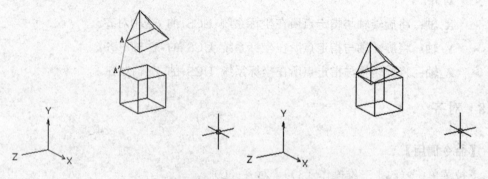

图 8-35　用 Align 命令只选择一对点的情况

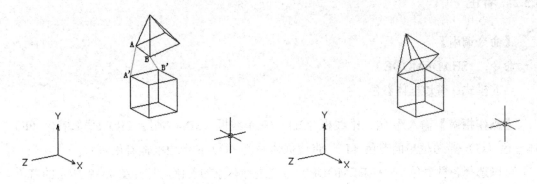

图 8-36　用 Align 命令选择两对点的情况

8.5　三维图形的消隐、着色

在 AutoCAD 中绘制的三维实体默认是以线框的模式显示的，这样不论是形体前面看得到的线还是形体后面被挡住的线都显示在屏幕上，为了便于观察，使线框更具有立体感，可以执行消隐命令将形体后面被挡住本来看不到的线隐藏，或者对三维实体上色，并按照一定的光照角度形成明暗的变化从而使实体具有真实的立体感。

8.5.1　消隐

选择下拉菜单"视图""消隐"或单击着色工具栏消隐图标可以激活消隐（HIDE）命令；也可直接从命令行输入"HIDE"命令来实现消隐。消隐前后的效果如图 8-37 和图 8-38 所示。

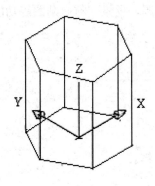
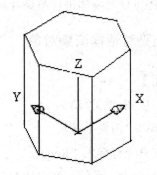

图 8-37　对象消隐前　　　　　　　　图 8-38　对象消隐后

8.5.2 着色

【命令调用】

命令：_SHADEMODE

当前模式：带边框体着色

【操作指南】输入选项[二维线框（2D）/三维线框（3D）/消隐（H）/平面着色（F）/体着色（G）/带边框平面着色（L）/带边框体着色（O）]<带边框体着色>：

可以选择各种着色（SHADEMODE）方式进行对象的着色，打开图 8-39 所示的着色工具栏选择需要的着色方式，着色方式的效果如图 8-40 所示。

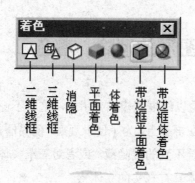 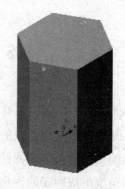

图 8-39　着色工具栏　　　　　　　　图 8-40　　着色实例

8.6　三维图形的渲染

AutuCAD 还可以对物体进行渲染处理，包设置光源、场景、材质贴图等功能。

8.6.1　使用渲染对话框渲染对象

【命令调用】

下拉菜单：视图|渲染|渲染

工具栏：单击"渲染"按钮。

命令行：在命令行键入"Render "，按【Enter】键。

执行 Render 命令，系统将弹出如图 8-41 对话框。

【操作指南】

（1）执行上述命令后，AutoCAD 都会弹出"场景"对话框，如图 8-41 所示。如果在"场景"列表中显示"无"，则说明当前视图还没有定义场景。

（2）单击"新建"按钮，AutoCAD 弹出"新建场景"对话框，如图 8-42 所示。

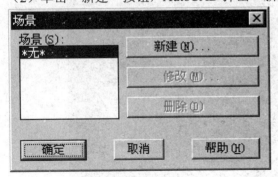

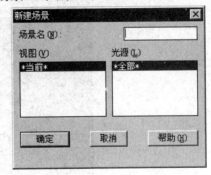

图 8-41　"场景"对话框 　　　　　　　　图 8-42　"新建场景"对话框

（3）命名新场景。用户可在"场景名"文本框中输入新场景的名称。

（4）选择视图与光源。在"视图"列表框中选择要渲染的视图名称；在"光源"列表框中选择光源类型，如"平行光"。

（5）单击"确定"按钮，在用户确定自行设置的各个选项后，在"渲染"对话框中可以看到场景的名称。

8.6.2　设置光线

1．灯光类型

灯光类型主要包括以下几个：①点光源；②平行光源；③聚光灯；④散射光。

2．产生光线的方法步骤

菜单栏：视图|渲染|光源

工具栏：单击"渲染"按钮。

命令行：在命令行输入"Light"，按【Enter】键。

8.6.3　设置材质

菜单栏：视图|渲染|材质

工具栏：单击"渲染"按钮。

命令行：在命令行键入"Rmat"，按【Enter】键。。

8.6.4　使用渲染窗口

在"渲染"对话框中，如果在"目标"下拉列表框中选择"渲染窗口"，则单击"渲染"按钮后，渲染效果图将被输入到渲染窗口中，如图 8-43 所示。

图 8-43　渲染窗口

本章小结

　　本章主要介绍了三维视图、三维坐标、三维图形绘制、编辑三维实体、三维图形消隐着色与渲染五个方面的内容。通过本章的学习，读者应该掌握基本的三维绘图的理念，能够制作出简单的三维图纸。三维绘图功能，可以用多种方法绘制三维实体，方便进行编辑，并可以用各种角度进行三维观察。

本章练习

　　1．如何用 Vpoint 命令观看三维图形？

　　2．如何利用绘图步骤对长方体进行实体绘制？

　　3．如何用 Union 命令将实体合并？

　　4．如何用 Subtract 命令将大圆柱体打孔？

　　5．如何用 Intersect 命令留下实体相交部分？

　　6．如何对三维图形进行消隐、着色和渲染？

第9章 图形文件的输出与打印

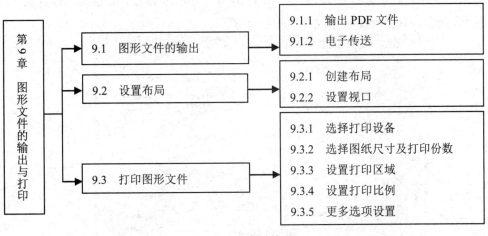

本章结构图

【本章导读】

当完成图形的绘制后，即可对其进行输出操作，输出的图形文件可在其他应用程序中打开，或者进行打印，也可直接在 AutoCAD 中进行打印。在输出文件时，需要对布局进行设置，以达到设计要求。本章将详细介绍输出与打印图形的方法。

【本章学习目标】

➢ 掌握打印样式管理的方法。

➢ 学会对 AutoCAD 打印参数进行设置。

➢ 理解打印出图的过程和步骤。

9.1 图形文件的输出

在绘制图形的过程中，可以随时通过多种方式输出图形文件，从而与其他设计者共享或协作完成该文件。例如，可以通过 DWF 和 PDF 等工具将文件输出为特定格式；可以通过"电子传递"工具将图形文件及字体打包；可以通过"网上发布"向导创建 Web 页格式文件等。

9.1.1　输出 PDF 文件

DWF 是一种开放、安全的文件格式，用户可以通过 DWF 文件将设计数据分发给需要查看或打印数据的客户。输出 PDF 文件的具体操作方法如下。

（1）选择"输出"选项卡，然后单击"输出为 DWF/PDF"面板中的"输出"下拉按钮，在弹出的下拉列表中选择 PDF 命令。在弹出的"另存为 PDF"对话框，设置保存路径和文件名，然后单击"选项"按钮，如图 9-1 所示。

图 9-1　"另存为 PDF"对话框

（2）在弹出"输出为 DWF/PDF 选项"对话框中，设置输出参数，如"替代精度""密码保护"等，设置完毕后单击"确定"按钮，然后单击"打印戳记设置"按钮，如图 9-2 所示。

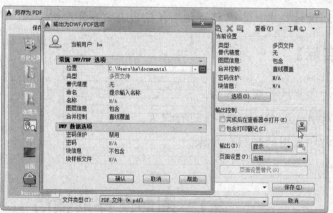

图 9-2　设置输出参数

（3）在弹出"打印戳记"对话框中，设置需要添加的打印戳记，然后单击"高级"按钮，如图 9-3 所示。

（4）弹出"高级选项"对话框，设置打印戳记的具体位置和文字字体，依次单击"确定"按钮，如图 9-4 所示。

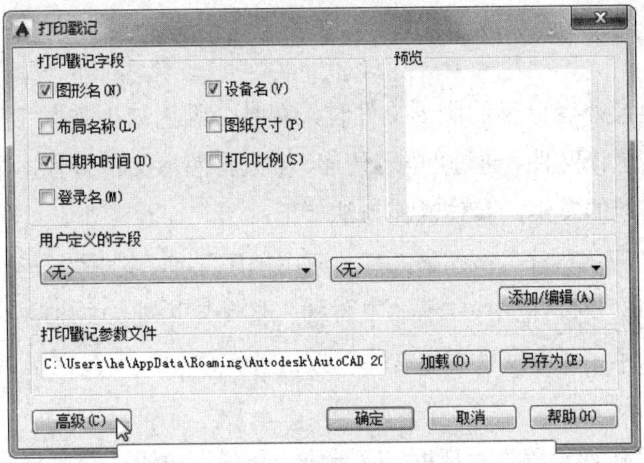

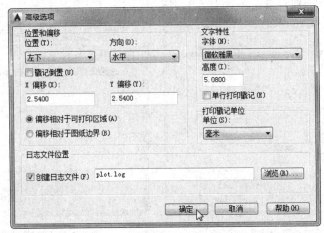

图 9-3　"打印戳记"对话框

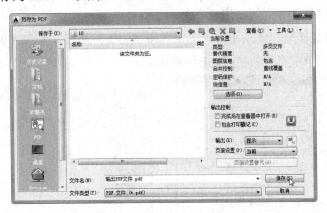

图 9-4　"高级选项"对话框

（5）返回"另存为 PDF"对话框，单击"保存"按钮，如图 9-5 所示。

图 9-5　"另存为 PDF"对话框

在程序右下角出现"完成打印和发布作业"提示信息框，提示发布成功。通过 Adobe Reader 电子书阅读软件打开文件，即可查看文件效果。

9.1.2 电子传递

在打开其他设计者分享的图形文件时，有时会因为缺少关联字体或参照等从属文件，导致无法正常显示该文件。通过"电子传递"工具将图形文件打包，再分享给其他设计者，可以避免此类问题的发生，具体操作方法如下：

（1）单击"应用程序"按钮 ，打开应用程序菜单，选择"发布""电子传递"命令，在弹出"创建传递"对话框中，查看"文件树"选项卡下列表中自动添加的文件是否完整，若需添加其他文件，则单击"添加文件"按钮进行添加，设置完毕后单击"传递设置"按钮，如图 9-6 所示。

（2）弹出"传递设置"对话框，可单击"新建"按钮，新建传递设置；也可单击"修改"按钮，修改当前设置，如图 9-7 所示。

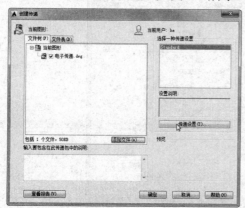

图 9-6 "创建传递"对话框

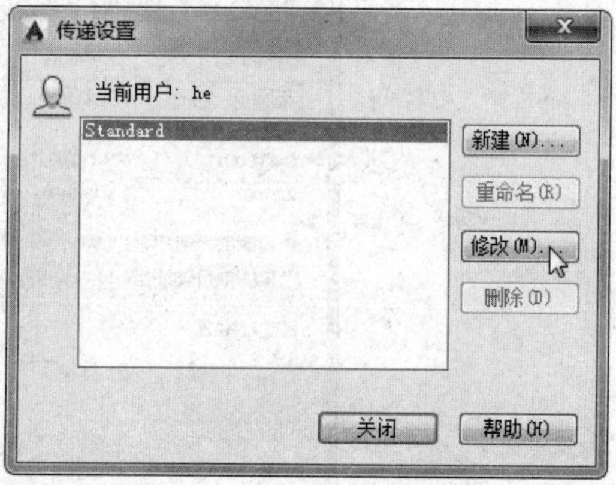

图 9-7 "传递设置"对话框

（3）例如，单击"修改"按钮，将弹出"修改传递设置"对话框，对传递包类型、文件格式和存储位置等进行自定义设置，如图 9-8 所示。

（4）设置完毕后，依次单击"确定"和"关闭"按钮。弹出"指定 Zip 文件"对话框，在其中单击"保存"按钮，如图 9-9 所示。

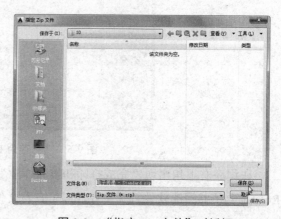

图 9-8 "修改传递设置"对话框

图 9-9 "指定 Zip 文件"对话框

（5）此时，即可在指定位置创建一个指定格式的电子传递包，如图 9-10 所示。

（6）双击电子传递包，通过 WinRAR 程序打开压缩包，查看内部已添加的文件，如图 9-11 所示。

<table>
<tr><td>图 9-10　创建电子传递包</td><td>图 9-11　查看文件</td></tr>
</table>

（7）打开以 txt 为后缀的记事本文件，查看电子传递包的相关详细报告，如图 9-12 所示。

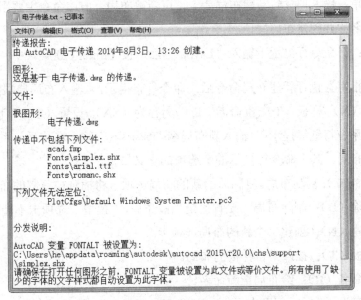

图 9-12　查看详细报告

9.2　设置布局

布局是一个图纸空间环境，它模拟一张图纸显示图形的打印效果，并提供打印预设置。

它可以由一个标题栏、一个或多个视口和注释组成。当创建布局时，可以设计浮动视口来显示图形中的不同细节。AutoCAD 在绘图区的底部有一个"模型"和若干个"布局"选项卡，单击相应选项卡，即可进入模型空间或图纸空间。一般可在模型空间中绘制图形，在布局中注写文字和标注，并通过布局打印输出。

9.2.1　创建布局

在工程图纸中，一个完整的项目往往需要设置几张、几十张甚至更多的图纸，但在绘制过程中，为了便于绘图和资料的管理，经常需要在一个 AutoCAD 文件内完成图形的绘制、管理、输出。而在图纸空间中，系统默认只有两个布局，布局 1 和布局 2，用户可以根据需要创建多个不同图纸尺寸、打印设置、标题栏及图框的图纸空间，并可以为不同的图纸空间命名。在 AutoCAD 中，系统为用户提供了多种新建布局的方法，下面将对这些方法做简单介绍。

方法一：新建布局

【命令调用】

下拉菜单：插入|布局|新建布局命令，可新建布局，但该命令主要用于直接在命令行中输入布局名称并创建布局。

命令行：在命令行提示下输入"Layout"后，按【Enter】键。

【操作指南】执行新建布局命令后，命令行将提示："输入布局选项[复制（C）/删除（D）/新建（N）/样板（T）/重命名（R）/另存为（SA）/设置（S）/?]<设置>:"，输入 N（New），系统将继续提示："输入新布局名<布局 3>:"输入名称后，系统将创建一个默认设置的新布局。其中命令行提示的个选项的含义如下。

- ➢ **复制(C)**：复制布局。复制后的新的布局选项卡将插到被复制的布局选项卡之后。
- ➢ **删除（D）**：删除布局。缺省值是当前布局，"模型"选项卡不能删除。
- ➢ **新建（N）**：创建一个新的布局选项卡。
- ➢ **样板（T）**：插入来自样板的布局。
- ➢ **重命名（R）**：给布局重新命名。
- ➢ **另存为（SA）**：保存布局。
- ➢ **设置（S）**：设置当前布局。
- ➢ **?**：列出图形中定义的所有布局。

方法二：来自样板的布局

在选择样板也可新建布局，该命令主要是将以前已经设置好的布局导入新的文件中。这种方法创建的布局非常实用和方便，在实际绘图中经常用到。

【命令调用】

下拉菜单：插入 | 布局 | 来自样板的布局

命令行：在命令行提示下输入"Layout"后，按【Enter】键。

【操作指南】执行命令后，命令行将提示："输入布局选项[复制（C）/删除（D）/新建（N）/样板（T）/重命名（R）/另存为（SA）/设置（S）/?]<设置>："；输入"T（template）"，系统将弹出如图 9-13 所示的"从文件选择样板"对话框，用户可以从中选择设置好的模板文件及布局创建到新的文件中。

图 9-13　"从文件选择样板"对话框

方法三：来自样板的布局

选择下拉菜单插入 | 布局 | 创建布局向导命令，也可新建布局，该命令主要是通过创建布局向导来创建新的布局。该向导在创建时就可以对布局的各个参数进行设置，完成布局后，只需要将图形排列好，即可进行打印。

执行该命令后，命令行将提示：

命令：_layoutwizard　　　　　　　　　　　//正在生成布局

同时系统将创建布局向导。创建步骤如下：

（1）在图 9-14 所示的"创建布局-开始"对话框中的"输入新布局的名称"文本框里输入布局名称。

（2）单击"下一步"按钮，将转换到如图 9-15 所示的"创建布局-打印机"对话框，用户可以根据需要在右边的列表中选择打印机。

（3）单击"下一步"按钮，将转换到如图 9-16 所示的"创建布局-图纸尺寸"对话框，用户可以根据需要选择打印图纸的大小及图形的单位。

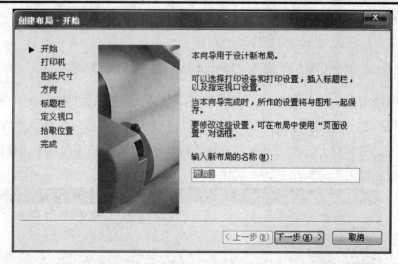

图 9-14 "创建布局-开始"对话框

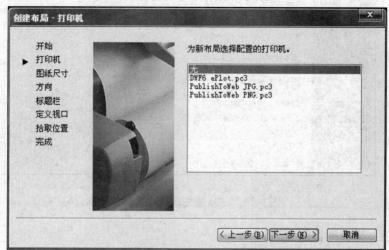

图 9-15 "创建布局-打印机"对话框

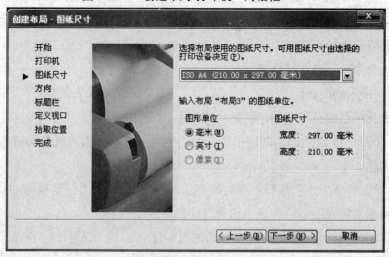

图 9-16 "创建布局-图纸尺寸"对话框

（4）单击"下一步"按钮，将转换到如图 9-17 所示的"创建布局-方向"对话框，用户可以根据需要选择图形在图纸上的方向。

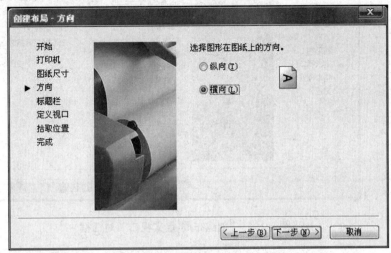

图 9-17　　"创建布局-方向"对话框

（5）单击"下一步"按钮，将转换到如图 9-18 所示的"创建布局-标题栏"对话框，用户可以根据需要选择系统默认的标题栏或外部已经设置好的标题栏。

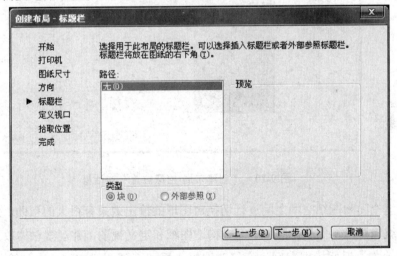

图 9-18　　"创建布局-标题栏"对话框

（6）单击"下一步"按钮，将转换到如图 9-19 所示的"创建布局-定义视口"对话框，用户可以根据需要设置新布局中的视口类型及比例等参数。

（7）单击"下一步"按钮，将转换到如图 9-20 所示的"创建布局-拾取位置"对话框，用户可以拾取在新建布局中的位置。再单击"下一步"按钮，转换到"创建布局-完成"对话框，单击"完成"按钮，完成新建布局操作。

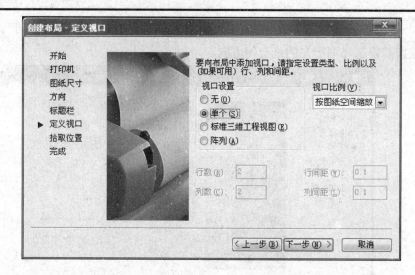

图 9-19 "创建布局-定义视口"对话框

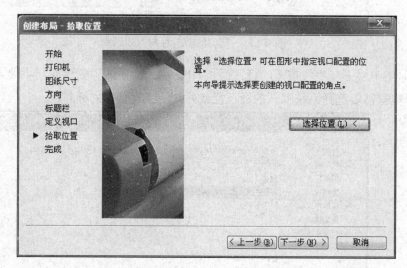

图 9-20 "创建布局-拾取位置"对话框

在模型空间和图纸空间之间进行切换对图形的输出效果有很大的帮助。先在模型空间中绘制和编辑图形，然后在图纸空间中构造图纸和定义视图，并观察总体效果。如效果有不完善的地方，返回模型空间进行修改编辑，再切换到图纸空间，直到输出完美的图形效果。

对于新创建的布局，单击其绘图区底部的选项卡，通过下拉菜单"文件" | "页面设置管理器"，或在"布局"选项卡上单击鼠标右键，以显示具有各个选项的布局快捷菜单。选择"页面设置管理器"选项，系统将弹出如图 9-21 所示的"页面设置管理器"对话框。在该对话框中显示当前图形文件的所有页面设置，对话框的下方显示选定页面设置的详细信息，右边显示有关页面设置的按钮，下面对其作简单介绍。

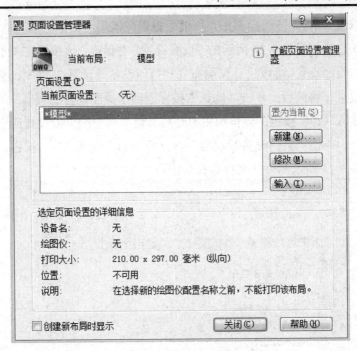

图 9-21　"页面设置管理器"对话框

> **"置为当前"按钮**：该按钮主要是将选定的已经设置好的页面设置应用到当前显示的布局中。

> **"新建（N）"按钮**：单击"页面设置管理器"对话框上的"新建（N）"按钮，系统将弹出如图 9-22 所示的"新建页面设置"对话框。在"新建页面设置名"文本框里输入新建页面设置的名称，然后在"基础样式"选项中选择新建页面设置的基础样式。单击"确认"按钮后，系统单开如图 9-23 所示的"页面设置"对话框。在"页面设置"对话框中，用户可以对打印机、图纸尺寸、打印区域、打印比例、打印样式等进行设置。设置完成后单击"确认"按钮返回"页面设置管理器"对话框。

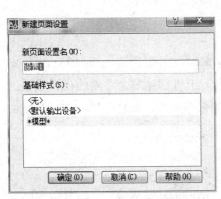

图 9-22　"新建页面设置"对话框

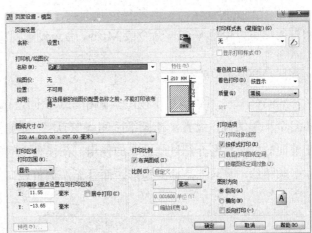

图 9-23　"页面设置"对话框

> **"修改（M）"按钮**：单击"页面设置管理器"对话框上的"修改（M）"按钮，系统将直接弹出 9-23 所示的"页面设置"对话框，该按钮主要是用来修改当前保存的页面设置，可以进行页面布局和打印设备等设置.在页面设置对话框中对相关设置进行修改后，单击"确认"按钮返回"页面设置管理器"对话框。

> **"输入（I）"按钮**：该按钮主要是将其他文件中的页面设置应用到现行工作的文件中。单击"页面设置管理器"对话框中的"输入（I）"按钮，系统将直接打开如图 9-24 所示的"从文件选择页面设置"对话框。

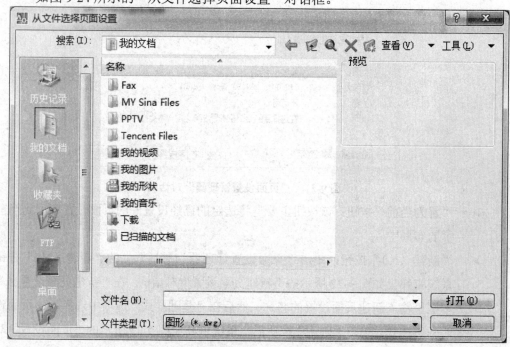

图 9-24 "从文件选择页面设置"对话框

9.2.2 设置视口

用户可以使用 Vports 命令或 Mview 命令设置视口。

1. Vports 命令

Vports 命令可以适用于模型空间和图纸空间，在模型空间（"模型"选项卡）中可创建多个平铺的视口设置，在图纸空间（"布局"选项卡）中可创建多个浮动的视口设置。在前面的章节已经介绍过此命令的使用，在模型空间的多个视口，即称平铺视口，各视口间必须相邻，且只能是标准矩形，而且无法调整视口的边界及大小。

2. Mview 命令

Mview 命令只适用于在图纸空间中创建视口设置。可以创建多个视口，但是每个图纸空间最多只能创建 64 个视口。在图纸空间中创建的视口称为浮动视口，其形状可以为矩形、多边形、圆以及任意曲线组合而成的封闭多线段和样条等，视口之间可以相互重叠或分开，还可以调整任意视口的边界大小、移动视口的位置等。

在命令行输入 Mview，并按下【Enter】键，命令行将提示：

命令：Mview

指定视口的角点或[开（ON）/关（OFF）/布满（F）/着色打印（S）/锁定（L）/对象（O）/多边形（P）/恢复（R）/图层（LA）/2/3/4]<布满>：

用户可以用指定对角点的方法指定视口，其他选项的含义如下：

> **开（ON）**：打开一个视口，使对象可见。

> **关（OFF）**：关闭一个视口。关闭的视口中的对象不可见，关闭的视口不能成为当前视口。

> **布满（F）**：创建布满图纸的视口。

> **着色打印（S）**：指定如何打印布局中的视口。输入该选项后，命令行将继续提示"是否着色打印？[按显示（A）/线框（W）/消隐（H）/渲染（R）/]<按显示>："输入着色打印选项。A：指定视口按显示的方式打印；W：指定视口打印线框，而不考虑当前的显示方式；H：指定视口打印时消除隐藏线，而不考虑当前的显示方式；R：指定视口打印渲染，而不考虑当前的显示方式。

> **锁定（L）**：锁定或开锁选定的视口。

> **对象（O）**：使用对象创建视口，所选对象需是封闭的多线段、样条曲线、圆、椭圆等。在实际使用中，可直接单击在"视口"工具栏中的"将对象转换成视口"按钮来启动该命令选项。

> **多边形（P）**：用指定的点创建具有不规则外形的视口。选择该选项后，命令行将继续提示：

指定起点：　　　　　　　　　　　　　　　　//指定点

指定下一个点或[圆弧（A）/长度（L）/放弃（U）]：　　//指定点或选择选项

在实际使用中，可直接单击在"视口"工具栏中的"多边形"按钮来启动该命令选项。

> **恢复（R）**：将模型空间保存的视口配置转换为图纸空间中的独立视口。

> **图层（LA）/2/3/4**：将制定的区域划分成 2 个、3 个或 4 个视口。

9.3   打印图形文件

用 AutoCAD 绘制好图形后，就可以使用绘图设备（绘图仪或打印机）将图形输出到图纸上，图纸输出的过程称为出图。出图时需要制定输出设备以及图纸的尺寸大小和方向、打印区域、打印比例等，这些均可以同过"打印-模型"对话框进行设置，如图 9-25 所示。

在"打印-模型"对话框中，"页面设置"组合框的"名称"中列表显示所有命令或已保存的页面设置，可以选择一个命令页面设置作为单签页面设置的基础，或者选择"添加"选项添加新的命名页面设置。

图 9-25   "打印-模型"对话框

9.3.1   选择打印设备

在"打印-模型"对话框中，"打印机/绘图仪"组合框用于指定打印时使用已配置的打印设备。

（1）在"名称"下拉列表中选择已配置的打印设备。

（2）选定打印设备后，系统在"打印机/绘图仪"组合框中自动显示该打印设备的名称、位置等信息。

（3）单击"打印机/绘图仪"组合框右侧的"特性"按钮，系统弹出"绘图仪配置编辑器"对话框，如图 9-26 所示。

（4）进行打印介质、图形、自定义图纸尺寸、自定义特性的设置。

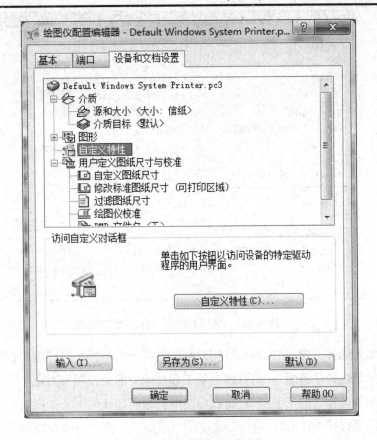

图 9-26　　"绘图仪配置编辑器"对话框

9.3.2　选择图纸尺寸及打印份数

在"打印-模型"对话框中，"图纸尺寸"和"打印份数"组合框中显示所选打印设备可用的标准图纸和指定要打印的份数。

（1）根据图纸的打印要求在"图纸尺寸"下拉列表中选择相应的图纸。

（2）当选择打印设备后，在该选项的下拉选项中，显示着支持该设备输出的全部标准图纸尺寸。

（3）若没有选择打印设备，则该下拉选项中将显示出全部标准图纸尺寸的列表以供选择。

（4）若所选定的图纸尺寸在所选的打印设备中没有找到，则可以重新选择打印设置的默认图纸尺寸或设定自定义图纸尺寸。

9.3.3　设置打印区域

在"打印-模型"对话框中，"打印区域"组合框是选择打印的范围。在打开"打印范围"下拉列表中，如图 9-27 所示，选择打印的图形范围。

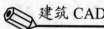

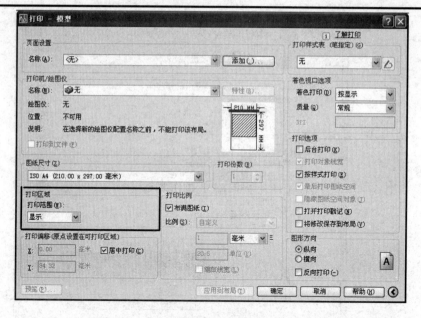

图 9-27　"打印范围"下拉列表对话框

（1）如果选择"窗口"，将允许用户临时选择一个窗口，打印窗口内的图形。

（2）如果选择"范围"，将打印当前工作空间中的全部图形对象。

（3）如果选择"图形界限"，将打印图形界限所定义的整个绘图区域。

（4）如果选择"显示"，将打印选定的"模型"选项卡当前视口中的视图或布局中的当前图纸空间视图。

（5）如果在"布局"中打印，"打印范围"下拉列表中的"图形界限"选项将变成"布局"。

（6）如果选择"布局"打印时，将打印指定图形尺寸的可打印区域内的所有内容，其原点从布局中的（0,0）点计算得出。

9.3.4　设置打印比例

在"打印比例"组合框中，设置图形单位与打印单位之间的相对尺寸比例，如图 9-28 所示。

（1）从"模型"选项卡打印时，默认设置为"布满图纸"，缩放打印图纸以布满所选图形尺寸。选择"布满图纸"时，自动显示自定义的缩放比例因子。取消"布满图纸"时，方可自行设置图形单位与打印单位之间的相对尺寸比例。选择"缩放线宽"表示线宽的缩放比例与打印比例成正比，通常此项不可选。

（2）从"布局"选项卡打印时，默认缩放比例设置为 1:1，也可自行设置图形单位与打印单位之间的相对尺寸比例。

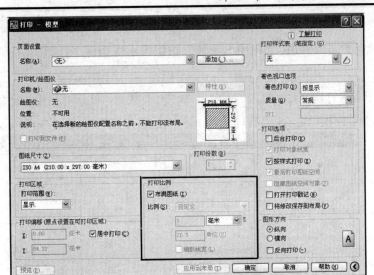

图 9-28 "打印比例"组合框

9.3.5 更多选项设置

在"打印偏移"组合框中,指定打印区域相对于边界进行偏移,如图 9-29 所示。

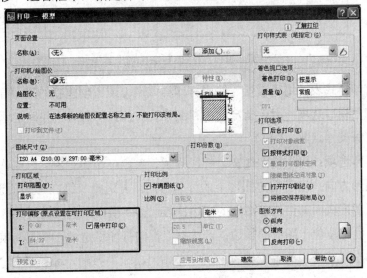

图 9-29 "居中打印"组合框

(1)通过在"X"和"Y"文本框中输入正值或负值,可以设置图形在图纸上的偏移距离和方向。

(2)选择"居中打印"选项,将自动计算图形在图纸上"X"和"Y"的偏移值,使其在图纸上居中打印。

(3)在"打印"对话框左下角的"预览"选项用于显示将在图纸上打印的图形的实

际出如图效果，以检验图形是否正确。如果图形有问题，可以单击"关闭预览窗口"按钮，退出打印预览并进行修改。"应用到布局"按钮表示将当前"打印"对话框设置保存到当前布局。

（4）下拉"打印"对话框右下角"更多选项"按钮，显示对话框打印的其他选项："打印样式表""着色视口选项""打印选项"和"图形方向"，如图 9-30 所示。

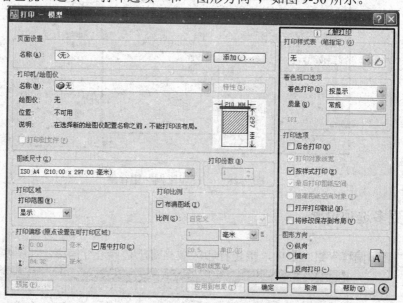

图 9-30 "打印更多选项"组合框

> **打印样式表**：用于设置、编辑打印样式表，或者创建新的打印样式表。
> **着色视口选项**：用于指定着色和渲染视口的打印方式，并确定他们的分辨率大小和每英寸点数（DPI）。
> **打印选项**：用于指定线宽、打印样式、着色打印和对象的打印次序等选项。
> **图形方向**：用于指定图形上的打印方向。若选择"纵向"选项设置并打印图形，则图形页面部位位于图纸的短边；若选择"横向"选项设置并打印图形，则图形页面部位位于图纸的长边；若选择"反向打印"选项，图形将旋转 180°并打印。

"打印"对话框中的各项设置好后，单击"确定"按钮，系统关闭"打印"对话框，开始输出图形并显示"打印进度"对话框。

本章小结

图形文件的输出与打印是建筑绘图的最后一道环节。建筑图只有打印出图才能在工程实践中指导施工。本章主要介绍了 AutoCAD 中图形文件的输出、设置布局和图形文件的打印。通过本章的学习，读者应学会如何输出 PDF 文件和电子传递；掌握如何创建布局和设置视口；学会使用选择打印设备、图纸尺寸、打印份数、打印比例等设置。

本章练习

1. 图形文件如何以 PDF 形式输出？
2. 图形文件如何电子传递？
3. 如何创建新布局和设置视口？
4. 如何选择打印设备、图纸尺寸和打印份数？
5. 如何设置打印区域和打印比例，以及创建打印样式？

附　录　AutoCAD 常用命令表

（快捷输入法）

一、功 能 键

F1：获取帮助

F2：实现作图窗和文本窗口的切换

F3：控制是否实现对象自动捕捉

F4：数字化仪控制

F5：等轴测平面切换

F6：控制状态行上坐标的显示方式

F7：栅格显示模式控制

F8：正交模式控制

F9：栅格捕捉模式控制

F10：极轴模式控制

F11：对象追踪式控制

二、快捷组合键

Ctrl＋1：打开特性对话框

Ctrl＋2：打开图像资源管理器

Ctrl＋6：打开图像数据原子

Ctrl＋B：栅格捕捉模式控制（F9）

Ctrl＋C：将选择的对象复制到剪切板

Ctrl＋F：控制是否实现对象自动捕捉

Ctrl＋G：栅格显示模式控制（F7）

Ctrl＋J：重复执行上一步命令

Ctrl＋K：超级链接

Ctrl＋M：打开选项对话框

Ctrl＋N：新建图形文件

Ctrl＋O：打开图象文件

Ctrl＋P：打开打印对话框

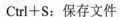

Ctrl＋S：保存文件

Ctrl＋U：极轴模式控制（F10）

Ctrl＋V：粘贴剪贴板上的内容

Ctrl＋W：对象追踪式控制（F11）

Ctrl＋X：剪切所选择的内容

Ctrl＋Y：重做

Ctrl＋Z：取消前一步的操作

三、快捷键

序	命令说明	命令	快捷键	序	命令说明	命令	快捷键
1	画线	LINE	L	20	延伸实体	EXTEND	EX
2	参照线	XLINE	XL	21	打断线段	BREACK	BR
3	双线	MLINE	ML	22	倒角	CHAMFER	CHA
4	多段线	PLINE	PL	23	倒圆	FILLET	F
5	多边形	POLYGON	POL	24	分解	EXPLODE	EX，XP
6	绘制矩形	RECTANG	REC	25	图形界限	LINITS	
7	画弧	ARC	A	26	建内部图块 BLOCK	B	
8	画圆	CIRCLE	C	27	建外部图块 WBLOCK	W	
9	曲线	SPLINE	SPL	28	跨文件复制 COPYCLIP	CTRL＋C	
10	椭圆	ELLIPSE	EL	29	跨文件粘贴 PASTECLIP	CTRL＋V	
11	插入图块	INSERT	I	30	两点标注	DIMLINEAR	DLI
12	定义图块	BLOCK	B	31	连续标注	DIMCONTINUE	DCO
13	画点	POINT	PO	32	基线标注	DIMBASELINE	CBA
14	填充实体	HATCH	H	33	斜线标注	DIMALIGNED	CAL
15	面域	REGION	REG	34	半径标注	DIMRADIUS	DRA
16	多行文本	MTEXT	MT，-T	35	直径标注	DIMDIAMEIER	DDI
17	删除实体	ERASE	EL	36	角度标注	DIMANGULAR	DAN
18	复制实体	COPY	CO，CP	37	公差	TOLERANCE	TOL
19	镜像实体	MIRROR	MI	38	圆心标注	DIMCENTER	DCE

39	偏移实体	OFFSET	O	68	引线标注	QLEADER	LE
40	图形阵列	ARRAY	A	69	快速标注	QDIM	
41	移动实体	MOVE	M	70	标注编辑	DIMEDIT	
42	旋转实体	ROTATE	RO	71	标注更新	DIMTEDIT	
43	比例缩放	SCALE	SC	72	标注设置	DIMSTYLE	D
44	拉伸实体	STRECTCII	S	73	编辑标注	HATCHEDIT	HE
45	拉长线段	LENGTHEN	LEN	74	编辑多段线	PEDIT	PE
46	修剪	TRIM	TR	75	编辑曲线	SPLINEDIT	SPE
47	编辑双线	MLEDIT	MLE	76	圆锥体	EXTRUDE	
48	编辑参照	ATTEDIT	ATE	77	球体	SPBTRACT	
49	编辑文字	DDEDIT	ED	78	实体求差	SUBTRACT	SU
50	图层管理	LAYER	LA	79	交集实体	INTERSECT	IN
51	属性复制	MATCHPROP	MA	80	剖切实体	SLICE	SL
52	属性编辑	PROPERTIES	CH，MO	81	编辑实体	SOLIDEDIT	
53	新建文件	NEW	C+N	82	实体体着色	SHADEMODE	SHA
54	打开文件	OPEN	C+O	83	设置光源	LIGHT	
55	保存文件	SAVE	C+S	84	设置场景	SCENE	
56	回退一步	UNDO	U	85	设置材质	RMTA	
57	实时平移	PAN	P	86	渲染	RENDER	RR
58	实时缩放	ZOOM+[]	Z+[]	87	二维厚度	ELEV	
59	窗口缩放	ZOOM+W	Z+W	88	三维多段线	3DPOLY	3P
60	恢复视窗	ZOOM+P	Z+P	89	曲面分段数	SURFTAB（1或2）	
61	计算距离	DIST	DI	90	控制填充	FILL	
62	打印预览	PRINT/ PLOT	C+P	91	重生成	REGEN	
63	定距等分	PREVIEW	PRE	92	网线密度	ISOLINES	圆柱
64	定数等分	MEASURE	ME	93	立体轮廓线	SISPSILH	打印效果好
65	图形界限	DIVIDE	DIV	94	高亮显被选	HIGHLIGHT	
66	对像临时捕捉	TT	TT	95	插入图块	INSERT	I
67	参照捕捉点	FROM	FROM	96	对象特性	PROPERTIES	MO

97	捕捉最近端点	ENDP	ENDP	122	草图设置	DSETTINGS	RE
98	捕捉中心点	MID	MID	123	鸟瞰视图	DSVIEWER	AV
99	捕捉交点	INT	INT	124	创建新布局	LAYOUT	LO
100	捕捉外观交点	APPINT	APPINT	125	设置线型	LINETYPE	LT
101	捕捉延长线	EXT	EXT	126	线型比例	LTSCALE	LTS
102	捕捉圆心点	CEN	CEN	127	属性格式刷	Matchprop	MA
103	捕捉象限点	QUA	QUA	128	加载菜单	MENU	MENU
104	捕捉垂点	PER	PER	129	图纸转模型	MSPACE	MS
105	捕捉最近点	NEA	NEA	130	模型转图纸	PSPACE	PS
106	无捕捉	NON	NON	131	设自动捕捉	OSNAP	OS
107	建立用户坐标	UCS	UCS	132	删除没用图层	PURGE	PU
108	打开UCS	选项DDUCS	US	133	自定工具栏	TOOLBAR	TO
109	消隐对像	HIDO	HI	134	命名的视图	VIEW	V
110	互交3D观察	3DORBIT	3DO	135	创建三维面	3DFACE	3F
111	表面基本形体	3D	多 种 表面	136	设计中心	ADCENTER	ADC
112	三维旋转	ROTATE	RO	137	定义属性	ATTDEF	ATT
113	三维阵列	3DARRAY	3D	138	创建选择集	GROUP	G
114	三维镜像	MIRROR		139	拼写检查	SPELL	SP
115	三维对齐	ALIGN	AL	140	捕捉设置	OSNAP	OSNAP
116	拉伸实体	EXTRUDE		141	设置图层	LAYER	LA
117	旋转实体	REVOLVE	REV	142	设置颜色	COLOR	COL
118	并集实体	UNION	UNI	143	文字样式	STYLE	ST
119	长方体	BOX	BOX	144	设置单位	UNITS	UN
120	圆柱体	CYLINDER		145	选项设置	OPTIONS	OP
121	楔体	WEDGE					

参考文献

[1] 李静斌. 土木工程 CAD[M]. 郑州：郑州大学出版社，2011.

[2] 边颖，赵秋菊. 建筑装饰 CAD[M]. 北京：机械工业出版社，2012.

[3] 腾龙科技. AutoCAD2010 建筑制图[M]. 北京：清华大学出版社，2011.

[4] 丁金滨. AutoCAD2012 建筑设计从入门到精通[M]. 北京：清华大学出版社，2012.

[5] 麓山文化. TArch2013 天正建筑软件标准教程[M]. 北京：机械工业出版社，2013.

[6] 胡岳芳，冷超群. 建筑 CAD[M]. 北京：北京理工大学出版社，2013.

[7] 徐江华，王莹莹，俞大丽. AutoCAD2014 中文版基础教程[M]. 北京：中国青年出版社，2014.1.

[8] 谭荣伟. 建筑专业 CAD 绘图快速入门[M]. 2 版. 北京：化学工业出版社，2015.12.

[9] 麓山文化. 中文版 AutoCAD 2016 建筑设计与施工图绘制实例教程[M]. 北京：机械工业出版社，2015.12.

[10] 罗朝宝. 建筑 CAD[M]. 北京：人民邮电出版社，2015.9.

[11] 张旭光，李巧，王影. 建筑 CAD[M]. 武汉：武汉大学出版社，2015.9.